中国民族摄影艺术出版社

图书在版编目（CIP）数据

咖啡品鉴大全 / (日) 田口护著 ; 书中缘译. -- 北京 : 中国民族摄影艺术出版社, 2014.7
（品味生活系列）
ISBN 978-7-5122-0570-3

Ⅰ. ①咖… Ⅱ. ①田… ②书… Ⅲ. ①咖啡 – 品鉴 Ⅳ. ①TS273

中国版本图书馆CIP数据核字(2014)第119483号

TITLE: ［田口護の珈琲大全］
BY: ［田口護］

策划制作：北京书锦缘咨询有限公司（www.booklink.com.cn）
总 策 划：陈 庆
策　　划：陈 辉
设计制作：季传亮

书　名：品味生活系列：咖啡品鉴大全
作　者：［日］田口护
译　者：书中缘
责　编：孙芳英　张　宇
出　版：中国民族摄影艺术出版社
地　址：北京东城区和平里北街14号（100013）
发　行：010-64211754 84250639 64906396
印　刷：北京美图印务有限公司
开　本：1/16 170mm × 240mm
印　张：9.5
字　数：120千字
版　次：2020年7月第1版第5次印刷
ISBN 978-7-5122-0570-3
定　价：78.00元

序 言

我开始决定自己动手烘焙咖啡豆，是在30多年前。原因之一是为自己毫无区分地随意使用烘焙业者制作出的咖啡豆而感到汗颜，我以为只要市场上还有像我们这样偷懒、不去思考咖啡豆适合与否的咖啡店存在，那么咖啡豆厂商再怎么用心提高咖啡豆的品质也是枉然。说得明白些，据我所知，有的欧洲国家规定：烘焙过的咖啡豆，若一周内未售完要丢弃。而我们有些店家甚至连酸坏了的咖啡豆都上架出售！就是这点，令我想要亲自推出让客人赞叹不已的咖啡。

原因之二是，我当时钟情于德国汉堡市的一家艾德休咖啡馆的咖啡豆，“艾德休”与“奇波”均为当地知名咖啡馆，其深度烘焙的咖啡豆更是独具风味，没有一颗瑕疵豆在其中，粒粒饱满且香气浓郁。当时正风行口味较淡的美式咖啡，这类深度烘焙的咖啡仅能在极少数的自家烘焙店才能找得到，而一般的咖啡店几乎都闻不到咖啡的香味。

所以，我想亲自做出艾德休咖啡馆那样的咖啡！不！甚至要比它更好！

一切就是由此开始的。

走上咖啡之路的我，历经30年磨炼所制作出的咖啡，究竟能否超越艾德休，答案已经不重要，重要的是我在这条路上学到的那些有关咖啡豆选择、烘焙、萃取的知识。我认为所谓的技术必须经得起考验，否则有何资格指导后来者，又如何能够精益求精？

我不喜欢“深奥”这类辞藻。过去，咖啡总被视为是由咖啡师傅的感性所酝酿出的产物，而烘焙也常被蒙上一层神秘的面纱，而此神秘主义对于人们品味咖啡却没有任何帮助。创造，需要冷静的逻辑思考，缺乏思想而空有技术只是枉然。

本书是我30多年来的心得集成。我将选择生咖啡豆到萃取的过程视为一个系统，通过每个步骤中存在的不同条件，调制出各种不同的咖啡味道。这就是我的“系统咖啡学”理论。有了这套系统咖啡学理论，我相信一直以来令人头疼的烘焙问题都可迎刃而解。

咖啡的世界此刻正面临重大的转变，以精品咖啡（Specialty Coffee）为代表的高品质咖啡时代已然到来，我为自己这30多年来致力于追求高品质咖啡的做法感到由衷的欣慰。

●关于作者

田口 护

1938年出生于日本札幌市。起初是帮助经营家里的锅炉维修业，结婚后，创建了“巴哈咖啡馆”。1972年开始自行烘焙咖啡豆，直至现在他仍不断往来于世界各咖啡生产国与欧美各消费国，学习咖啡豆栽培及萃取技巧。

目前他经营的巴哈咖啡集团旗下约有100间店面，提供并指导有关咖啡的相关知识。他是日本咖啡文化学会烘焙萃取委员会理事长，并在咖啡制作、调理专科学校等机构担任讲师。2000年在日本冲绳召开的高峰会议上所提供的正是巴哈综合咖啡，获得与会国元首的一致好评。著作有《专家指导的品位咖啡》、《品尝咖啡的诀窍》等。

目 录

第1章 咖啡豆的基础知识

你可曾注意过我们平日喝入口中的咖啡？在这一章，我们将追寻咖啡的三大原生种，了解各种各样的咖啡品种及其栽培方式与精制方式，让你知道什么是“好咖啡”与“坏咖啡”，并教你如何区分。

1 咖啡三大原生种

咖啡的果实

咖啡主要分为三大类——阿拉比卡种（Arabica）、罗布斯塔种（Robusta）、利比里亚种（Liberica），但在市场上流通的多是阿拉比卡和罗布斯塔两种。不论何种皆有其优缺点，使用的目的与用途亦不尽相同。

咖啡属于茜草科咖啡属的常绿灌木，以热带地区为中心，约有500属6000种茜草科植物分布于此。一直以来咖啡都被认为具有某些药效，如健胃、醒脑、止血、散热、强身等。比较有名的茜草科植物还有栀子，它的果实很早以前就被晒干拿来作为药材。

阿拉比卡种

咖啡属的植物约有40种，但能够生产出具有商品价值咖啡豆的仅有阿拉比卡种、罗布斯塔种、利比里亚种，这三种称为“咖啡三大原生种”（见第3页表1）。

1. 阿拉比卡种（学名*Coffea arabica*）

阿拉比卡种的原产地是埃塞俄比亚的阿比西尼亚高原（即现在的埃塞俄比亚高原），初期主要作为药物食用（伊斯兰教的情侣们用来当做治疗身心的秘药或者用来醒脑），13世纪培养出烘焙饮用的习惯，16世纪经由阿拉伯地区传入欧洲，进而成为全世界人们共同喜爱的饮料。

所有的咖啡中，阿拉比卡种的咖啡占75%~80%，它的绝佳风味与香气，使它成为这些原生种中唯一能够直接饮用的咖啡。但其对干燥、霜害、病虫害等的抵抗力过低，特别不耐咖啡的天敌——叶锈病，因而各生产国都在致力于品种改良。斯里兰卡就是一个例子。过去斯里兰卡曾是远近闻名的咖啡生产国，19世纪末却因为叶锈病的肆虐，咖啡庄园无一幸免。此后，斯里兰卡转而发展红茶产业，并与印度同列红茶王国。

阿拉比卡种咖啡豆主要产地为南美洲（阿根廷与巴西部分区域除外）、中美洲、非洲（肯尼亚、埃塞俄比亚等地，主要是东非诸国）、亚洲（包括也门、印度、巴布亚新几内亚的部分区域）。

2. 罗布斯塔种（学名*Coffea robusta* Linden）

在非洲刚果发现的耐叶锈病品种，较阿拉比卡种有更强的抗病力。人们都喜欢将罗布斯塔种与阿拉比卡种咖啡相提并论，事实上罗布斯塔种原是刚果种（学名*Coffea canephora*）的突变品种，所以说，该拿来与阿拉比卡种相提并论的是刚果种。然而直至今日，罗布斯塔种的名称已为大众惯用，而把它与刚果种视为同一种类。

阿拉比卡种咖啡豆生长在热带较冷的高海拔地区，不适合阿拉比卡种咖啡生长的高温多湿地带就是罗布斯塔种咖啡生长的地方。罗布斯塔种具有独特的香味（称为“罗布味”的异味，有些人认为是霉臭味）与苦味，仅仅占混合咖啡的2%~3%，整杯咖啡就成

罗布斯塔种

了罗布斯塔味。它的风味就是如此鲜明强烈，若想直接品尝它恐怕得考虑一下。它一般被用于速溶咖啡（其萃取出的咖啡液大约是阿拉比卡种的2倍）、罐装咖啡、液体咖啡等工业生产咖啡上。咖啡因的含量3.2%左右，远高于阿拉比卡种的1.5%。

利比里亚种

罗布斯塔种咖啡主要生产国是印度尼西亚、越南及以科特迪瓦、阿尔及利亚、安哥拉为中心的西非诸国，近年来越南更致力于跻身主要咖啡生产国的行列，并将咖啡生产列入国家政策中（越南也生产部分阿拉比卡种咖啡）。

3. 利比里亚种（学名*Coffea liberica*）

西部非洲为利比里亚种咖啡的原产地，对于不论是高温或低温、潮湿或干燥等各种环境，皆有很强的适应能力，唯独不耐叶锈病，风味又较阿拉比卡种差，故仅在西非部分国家（利比亚、科特迪瓦等）国内交易买卖，或者栽种来供研究使用。

■在世界市场流通的咖啡中约有65%是阿拉比卡种

根据ICO（国际咖啡组织）的统计，扣除各咖啡生产国国内交易的部分，在世界市场流通的咖啡中约65%为阿拉比卡种，35%为罗布斯塔种。阿拉比卡种的特征是颗粒细长且扁平，罗布斯塔种的咖啡豆较浑圆，由形状即可轻易分辨出。

但若再加上阿拉比卡种与罗布斯塔种的杂交种［例如变种哥伦比亚（Variedad Colombia）次种，它属于哥伦比亚咖啡的主要品种，有1/4罗布斯塔种血统，因而能抗叶锈病且产量高］与其突变的次种咖啡豆，分类上会更加复杂。有的阿拉比卡种咖啡豆相当接近原生种，也有些阿拉比卡种相当类似于罗布斯塔种。即使咖啡名称相同（因为命名来自产地名称），栽培品种不同，风味也就不同。

表1　三大原生种的特征

	阿拉比卡种	罗布斯塔种	利比里亚种
口味、香气	优质的香味与酸味	香味类似炒过的麦子，酸味不明显	苦味重
豆子的形状	扁平、椭圆形	较阿拉比卡种圆	汤匙状
树高	5~6m	5m左右	10m
每树收成量	相对较多	多	少
栽培高度	500~2000m（低海拔区）	500m以下（低海拔区）	200m以下
耐腐性	弱	强	强
适合温度	不耐低温、高温	耐高温	耐低温、高温
适合雨量	不耐多雨、少雨	耐多雨	耐多雨、少雨
结果期	大约在3年内	3年	5年
占世界生产量的比例	70%~80%	20%~30%	小

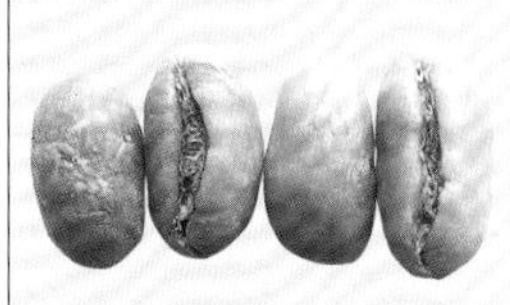
圆豆（Pea-berry）

●圆豆与平豆

咖啡果实的中心是一对左右对称、合抱成椭圆形的种子，种子接触面呈扁平形状的称为“平豆”（Flat bean），果实中只有一颗浑圆的种子的则称“圆豆”（Pea-berry）。圆豆的成因是生长异常，多出现在过迟或过早开花的咖啡树末端。其圆滚滚的形状十分便于烘焙。

平豆（Flat bean）

咖啡花

咖啡主要栽种在热带、亚热带地区，此区又被称为『咖啡带』(Coffee Belt)。在一般欧美国家，高海拔地区出产的咖啡较低海拔的产品价格高且质量更为优质。

有个名词叫做“咖啡带”。世界咖啡生产国有60多个，其中大部分位于南北回归线（南、北纬23° 26′）之间的热带、亚热带地区内。这一咖啡栽培区称为“咖啡带”（Coffee Belt）”或“咖啡区”（Coffee Zone）。

咖啡带的年平均气温都在20℃以上，因为咖啡树是热带植物，若气温低于20℃则无法正常生长。

1. 气候条件

阿拉比卡种咖啡不耐高温多湿的气候，也无法长期处于5℃以下的低温，所以多栽种在海拔1000~2000米高地的陡峻斜坡。另一方面，罗布斯塔种咖啡则因适应能力强（罗布斯塔的原意即指“顽强健壮”），多栽培于海拔1000米以下的低地。

全年降雨平均，降雨量在1000~2000毫米，再加上适度的日照，是最适合咖啡生长的环境。但阿拉比卡种咖啡不耐强烈日照与酷热，因此适合种植于易生晨雾的地形，特别是日夜温差大的地方。另外，有些地方为了避免太阳直接照射还会种植遮蔽树，如香蕉、玉蜀黍、芒果树等。

2. 土质

简单来说，适合栽种咖啡的土壤，就是有足够湿气与水分且富含有机质的肥沃火山土。埃塞俄比亚高原上就布满了这种火山岩风化土，因此富含腐殖质的土壤自然成为适合栽种咖啡的基本条件之一。

事实上，巴西高原地带（称“Terra rossa”，意为玄武岩风化的肥沃红土）、中美高地、南美安第斯山脉周边、非洲高原地带、西印度群岛、爪哇（部分地方的土壤也是火山岩风化土，或是火山灰与腐

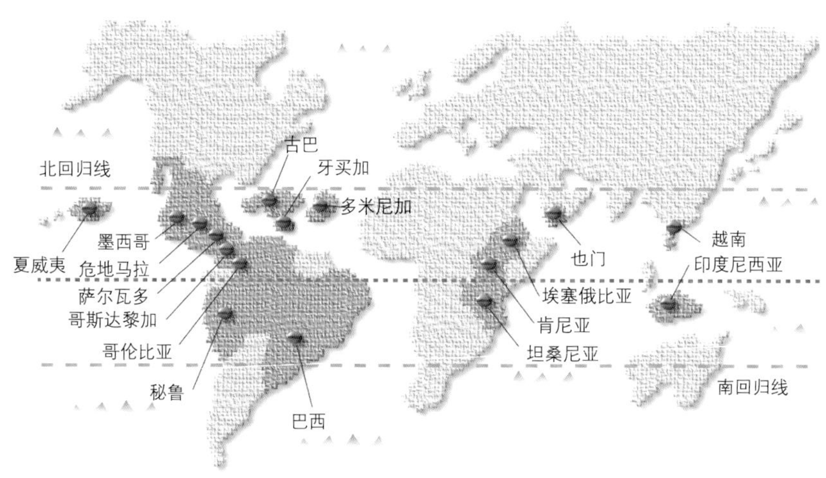

图1 咖啡的主要产地

殖土的混合土）等咖啡的主要生产地带，也和埃塞俄比亚高原地带一样，拥有水分充足的肥沃土壤。

土质对咖啡的味道有微妙影响。像种植在偏酸性土壤上的咖啡酸味也会较强烈；又如巴西里约热内卢一带土壤带有碘味，采收咖啡豆时采用摇树法将果实摇落地面，咖啡也会沾染那种独特的味道。

巴西席拉多（Cerrado）地区“姆顿诺波庄园”的咖啡果实采集作业。果实的汁液会让双手变黑。

3. 地形与高度

一般认为高地出产的咖啡品质较佳（参考表2）。中美洲地区各咖啡生产国因为有山脉自大陆中央穿越，它们会以“标高”作为分级标准。例如危地马拉的SHB（取Strictly Hard Bean的前缀缩写而来），七等级中的最高级即称SHB，代表它的产地高度约为海拔1370米。

虽然咖啡庄园位于险峻的斜坡高地上，对于交通、搬运以及栽培管理各方面都不方便，但是，这样的地形气温低且易起晨雾，能够缓和热带地区特有的强烈日照，让咖啡果实有时间充分发育成熟。

不过牙买加岛的“蓝山”与“夏威夷可那”等高级咖啡却不是高地采收咖啡。因为只要有合适的气温、降雨量和土壤，会起晨雾且日夜温差大，就能栽种出高品质咖啡。由此可知，即使“高地产等于高品质”，也并不意味着“低地产等于低品质”。标高只能视为判断咖啡等级的参考标准之一，标高虽然重要，但产地的地形与气候条件更重要。

咖啡的主要消费市场欧洲诸国，很久以前就给肯尼亚及哥伦比亚等高地咖啡以较高评价。定量的咖啡豆能够萃取出较多的咖啡液（即浓度较高），这也是高地咖啡获得好评的原因之一。

另外，前面已经提过，原产于刚果的罗布斯塔种咖啡栽种在海拔1000米以下的低地，与阿拉比卡种不同，它生长速度快又耐病虫害，在不肥沃的土壤亦能栽种，因而味道与香气都远逊于阿拉比卡种咖啡。我并非完全否定罗布斯塔种咖啡，但原则上我不使用罗布斯塔种咖啡。原因其实很简单，只是我想喝到品质更高的咖啡，也想让大家都能享用到品质更好的咖啡罢了。

表2　低地产、高地产的咖啡特征

	颜色	豆质	香味	酸味	涩味	醇厚度	储藏	烘焙	价格
低地产	淡绿色	柔软	弱	弱	弱	低	不适合	容易	低
高地产	深绿色	坚硬	强	强	强	高	适合	困难	高

*等量的咖啡豆所萃取出的咖啡液，以高地产的较多，特别是欧洲对高地产咖啡评价较高。

肯尼亚山脚下一望无际的咖啡园

3 咖啡的栽培过程

咖啡豆的采收方式各地都有所不同，主要分为手摘法与摇落法两种。用手小心翼翼摘下已成熟的红色果实当然是最理想的做法，但还必须要考虑效率问题。

■咖啡豆的构造

常有人误以为咖啡是直接以生豆种植的，花费心思种了半天却发现怎么也不发芽。事实上咖啡要以带着内果皮（Parchment）的种子种植。“内果皮”（或称“羊皮”、“纸皮”）是指包裹着咖啡种子的茶褐色硬皮，附着那层皮的咖啡豆称为“带壳豆”（Parchment Bean）。

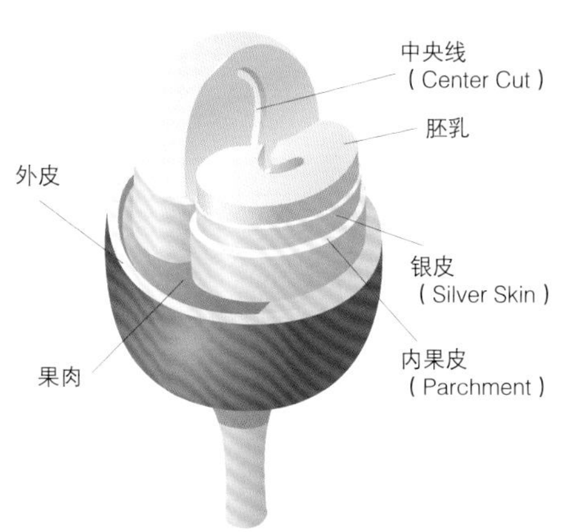

图2 咖啡豆的构造

拨开完全成熟的鲜红咖啡果实（称为红色樱桃）外皮来看，可以看到在红色外皮下有黄色的果肉，有点儿像樱桃，果肉甘甜，中央有一对互相对称的种子，种子周围有层滑滑的膜，将膜用水洗去即成为“带壳豆”，扒开内果皮，会看到包着银皮（Silver Skin）的种子，那种子就是实际作为咖啡原料的生豆。

1. 播种（请参考第7页的小专栏）

接着来谈谈播种。将包着内果皮的咖啡种至苗床，40~60天就会发芽，发芽后大约6个月会成长至50厘米左右的苗木。在这个阶段，苗木仍旧脆弱，必须在苗床上覆盖防寒纱等来阻挡阳光直射。

苗木由苗床移植到农园后约3年开花。在这期间，中美洲等利用手摘法收成咖啡豆的国家，为了提高采收咖啡豆的效率，会修剪咖啡树的枝丫，将下方的旁枝修去。咖啡树的花是白色五瓣花，有茉莉香气，花朵在数日内就会凋谢，随后长出小小的果实，6~8个月转为代表成熟的红色。

咖啡收成的高峰期是在咖啡树长成后的6~10年间，其后收成量会渐走下坡。另外，咖啡树若长得太高也会造成收成不好，因此咖啡农会由距离地面30~50厘米处将树干锯断，让它重生枝丫，更新生产力。此步骤称为“回切”（Cutback）。若再配合气候、施肥、抗病虫害等有利条件，咖啡树便能够持续20年，甚至50年结果不断。

野生咖啡树能够高达10米左右，但一般栽种的咖啡树为了采收方便，均维持在2米左右高度。阿拉比卡种咖啡年年都在改良品种，希望能够达到高收成量、抗病度高、收成期早、环境适应力强的水准，当然还要再加上树的适宜高度，让采收更有效率。

2. 采收

咖啡的采收期以及采收方式因地而异，一般来说大致是一年1~2次（有时也能达3~4次）。采收期多在旱季。举例来说，巴西约在6月左右，由东北部的巴希亚州（Bahia）开始依序南下，到10月左右南部的巴拉那州（Parana）采收结束。中美洲各国的采收期则是9月左右至来年1月，由低地往高地采收。

采收方式大抵分为两类，一是手摘法，二是摇落法。

（1）手摘法

除了巴西与埃塞俄比亚外，多数的阿拉比卡种咖啡产国皆采用手摘法采收。手摘法不单是将成熟鲜红的咖啡豆摘下，有时还会连同未成熟的青色咖啡豆与树枝一起摘下，因而这些未成熟豆常会混入精制后的咖啡豆中，特别是采用自然干燥法精制时。如果这些豆子也一起混入烘焙，会产生令人作呕的臭味。

（2）摇落法

此法是用乱棍击打成熟的果实或者摇晃咖啡树枝，让果实掉落汇集成堆。规模较大的庄园会采用大型采收机，而中小型的农庄就以全家动员的人海战术采收。这种将果实摇落地面的方法，比手摘法更容易混入杂质与瑕疵豆，有些产地的豆子还会沾上奇特的异味，或者因为地面潮湿而让豆子发酵。巴西与埃塞俄比亚等罗布斯塔种咖啡豆的生产国多以此种方式采收。

以摇落法采收的国家，亦多采自然干燥法精制咖啡豆。咖啡春天开花，夏天结果，冬天收成，因此在旱、雨季区分不明显的地方，采收与干燥作业相当困难，遇上雨季，就无法采用自然干燥法。因此咖啡适合种植于旱、雨季分明的地区。

巴西席拉多（Cerrado）地区“姆顿诺波庄园”的采收作业。照片中为采收机。

由播种到成树

内果皮不摘除直接播种

发芽后约一个月左右长至5~6厘米，称为火柴棒

移植至花盆的咖啡幼苗

刚移至农园的咖啡苗

咖啡以不摘除内果皮的状态播种至苗床（就是称为“pot”的塑胶花盆），40~60天发芽后挂上防寒纱，在苗床培育约5个月。播种后约过半年，咖啡苗长至40~50厘米即移至农园，生长到能够收获大概是三年后的事（因为品种改良的缘故，收成时间已经可以提前）。

4 咖啡的精制法

将采下的果实去除杂质变成生豆的过程称为精制。精制法主要分为三大类：干燥式、水洗式、半水洗式。巴西等地原本是采用干燥式，但为了追求更高的品质，如今也改为水洗式精制法。

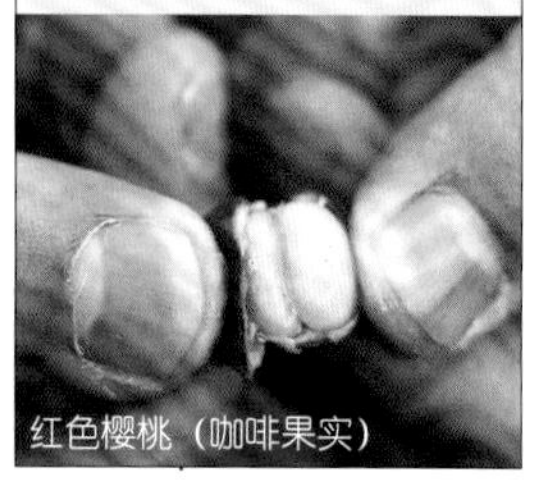
红色樱桃（咖啡果实）

■把咖啡由果实变成生豆

咖啡的果实中央有一对椭圆形的种子，种子被外皮、内果皮与果肉覆盖。成熟的果实未经处理短时间内就会腐坏，因此精制的目的就是为了使咖啡豆能够长期保存，以便于储存及流通。精制是将咖啡果实的外皮和果肉去除，再将种子取出。一般来说，5千克的咖啡果实约可取得1千克的咖啡生豆。

精制方法有干燥式、水洗式，以及二者的折中——半水洗式三种。精制后咖啡生豆的颜色虽依咖啡豆种类或含水量而有差异，但大致均呈浓绿色，因此又被称为“Green Bean”。

1. 干燥式精制法（又称自然干燥法或非水洗式）

果实采收后，须经过自然（日晒）干燥法或机器干燥法将其干燥、去壳，取出生豆。自然干燥法，是将果实摊放在露天日晒场，以阳光曝晒干燥。为避免干燥不平均或者发酵，必须适时搅拌。日晒天数视果实的成熟度而定，成熟度高的仅需数日，未成熟的果实则需要晒上1~2周。

原本樱桃般鲜红的果实晒上1周后会变黑，外皮与果肉也会变硬而容易取下。晚上要盖上防水布阻挡夜露，让它成为黑色的“干燥樱桃”（Dry Cherry）（巴西特别称之为“可可”）。晒干顺利的话含水量可达到11%~12%，一般出口的咖啡生豆含水量为12%~13%。

自然干燥法的作业过程简单，设备投资又少，成本相对较低，因此过去几乎所有生产国都采用此法。但因为此种精制法受制于天气情况，且耗费时日，现在除了巴西、埃塞俄比亚、也门、玻利维亚、巴拉圭等国家外，几乎所有阿拉比卡种咖啡的生产国都改用水洗式精制法。

巴西依然采用自然干燥法是有原因的。首先，它没有足够的水应付生产量庞大的咖啡豆精制过程；其次，巴西特有的广阔平坦地形也适宜自然干燥法大规模生产。不过，最近巴西东北部的巴希亚州（Bahia）等地也开始使用水洗式精制法，生产出了几乎没有瑕疵豆的高精制度咖啡豆。自然干燥法的缺点就在于容易混杂过多的瑕疵豆等杂质。光就咖啡豆外观相比，自然干燥法与水洗式精制法孰优孰

表3　自然干燥法咖啡精制过程

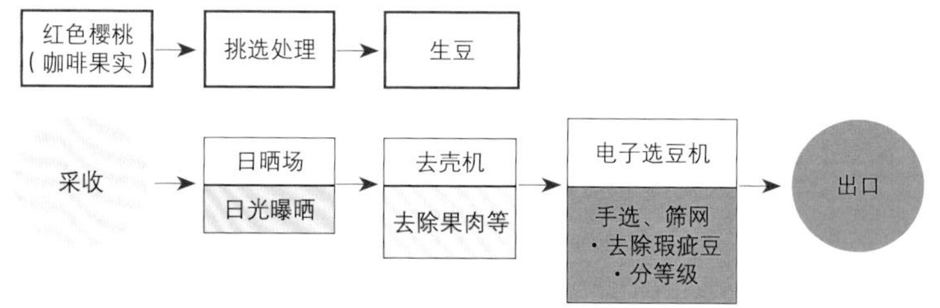

劣，一目了然。

提到也门，就会让人想到它最有名的“摩卡·玛塔利”（Mokha Mattari）咖啡。它有着独特的酸味与醇厚度。它就是自然干燥法的代表，与苏门答腊的曼特宁一样，皆有豆子外观不整齐且杂质多的情况。原本一提到埃塞俄比亚，最为人所知的就是以自然干燥法精制的“摩卡·哈拉”（Mokha Harrar）咖啡，不过最近埃塞俄比亚水洗式咖啡豆亦有增加的趋势，西达摩（Sidamo）与金玛（Djimmah）就逐渐开始改用水洗式精制法，而这些高级品主要向欧洲出口。

表4　水洗式咖啡精制过程

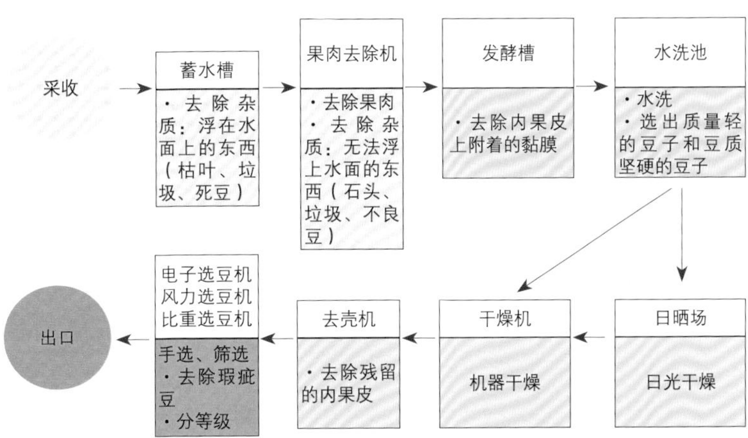

2. 水洗式精制法

水洗式精制法始于18世纪中期。精制过程首先要将咖啡果实（红色樱桃）的果肉去除，接着用发酵槽去除残留在内果皮上的黏膜，豆子清洗过后加以干燥（请参照表4）。非水洗式精制法与水洗式精制法的不同，在于非水洗式是干燥后再去除果肉，而水洗式则是去除果肉后再干燥。

水洗式精制法能通过每个步骤去除杂质（石头或垃圾等）与瑕疵豆，因此生豆的外观均一，普遍被认为具有高品质，交易价格也较自然干燥法精制的咖啡豆高。

但是工程分工越细，作业与卫生管理方面的手续也就越多，风险亦越高，因而水洗式不见得就等于高品质。水洗式咖啡最大的缺点在于，发酵过程中咖啡豆容易沾染上发酵的臭味，有些咖啡行家指出：“一颗有发酵味的咖啡豆会坏了50克的豆子。”豆子会沾上发酵味，绝大多数是因为发酵槽缺乏管理维护的关系。将内果皮上带着黏膜的咖啡豆浸在发酵槽中一个晚上能够去除黏膜。但若是发酵槽清理不完全，温湿度的变动过大造成发酵槽中的微生物产生变化，会导致咖啡豆沾上发酵味。

另外，水洗式精制法的设备成本较高，精制的步骤也相当费工夫，生产成本也就相对提高了。

各咖啡生产国的精制实况

咖啡果实准备开始精制（古巴）

用果肉去除机去除果肉和杂质（石头或垃圾等）（埃塞俄比亚）

经过果肉去除机处理内果皮上附着黏膜的咖啡豆（哥斯达黎加）

水洗式发酵槽（巴西）

用巨大的干燥机烘干（哥斯达黎加）

有些地方是采用遮蔽雨露的小屋干燥咖啡豆，当地称之为“高床式干燥法”（哥伦比亚）

3. 半水洗式精制法（Semi-washed）

此为干燥式与水洗式的折中型。做法是将收成的咖啡果实水洗后，再用机械去除外皮与果肉，用日光使之干燥，再用机器干燥结束。与水洗式精制法的不同之处在于过程中不将咖啡果实放入发酵槽，品质上又比干燥式精制法稳定。巴西的席拉多（Cerrado）地区就是采用半水洗式精制法。

目前大多咖啡生产国正逐步趋向于水洗式精制法，而采用非水洗式精制法的各生产国则根据各自的地理环境和生产需求，采用自然干燥法精制。不过，将非水洗式精制法视为水洗式精制法的过渡法，甚至认为它是比水洗式精制法差一等级的精制法，这是不公平也不正确的。

水洗式精制法的咖啡豆在欧美等地能够获得较高评价，多是因为它的杂质与瑕疵豆少，且豆子外观整齐清洁。大众常被误导“水洗式等于美味”，但外观绝不等于内在，水洗式与非水洗式精制法各有长短。

譬如说，也门的摩卡·玛塔利咖啡豆外观看起来颗粒小，不懂的人还会误以为它40%是瑕疵豆与杂质，但它那获得好评的独特葡萄酒香气却是其他咖啡豆无法替代的。由此可知，咖啡豆品质的优劣与精制法并无绝对的关系。

◎干燥式与水洗式咖啡的不同

【外观的不同】

水洗式的咖啡含水量有12%~13%，干燥式咖啡豆的含水量则为11%~12%。外观上看起来前者的绿色较深。一般来说，含水量较高的生豆，颜色多呈绿色或青色系，含水量较少的生豆颜色呈褐色或接近白色。生豆因为水洗式精制法银皮（附着在生豆表面的表皮）已除去，豆子表面呈现特殊光泽，而干燥式精制法大多是脱壳后银皮仍然留着。

而水洗式精制法只要不是采用深度烘焙，烘焙后中央线仍会留有白色的银皮；干燥式精制法豆子的银皮则在烘焙过后就没有了。由此可知，即便经过烘焙，两者的差异仍旧清楚可辨。

银皮残留量少时不构成影响，残留过多则会带来涩味。

【瑕疵豆混杂】

巴西的咖啡豆采用非水洗式精制法，除了一部分优良品外，大部分的豆子品质都不佳，还混杂许多未熟豆或过熟豆。这些瑕疵豆中又数未熟豆与发酵豆最让烘焙师难过。这些豆子在生豆阶段难以辨别，若手选过滤没有挑出来，烘焙之后，根本就无法从外表分辨了。

巴西咖啡豆还有一个问题，若是它们在干燥的过程中湿气过多，则豆子会沾上碘味，这点也是从外观上看不出来的，必须要注意。也门与埃塞俄比亚的非水洗式咖啡也与巴西相同，杂质与瑕疵豆相当多，因而清除作业比烘焙还花时间。

而水洗式生豆要成为产品前需经过多次洗涤，石头与木层不易混入，瑕疵豆少，较少有需挑除的豆子，但有时会混入沾上发酵味的咖啡豆。水洗式精制法的缺点就是豆子容易有发酵味，而这些豆子在外观上看起来又几乎与正常生豆无异，这点反而使得水洗式精制法比非水洗式精制法更难找出瑕疵豆。

区分豆子大小的选豆机（古巴）

采用水洗式精制法的地方也要用日光曝晒两天使其干燥（墨西哥）

上图选豆机的另一面，机器正在将“水晶山”（Ctystalmountain）装袋

【烘焙法不同】

采用自然干燥法精制咖啡豆的巴西所生产的优质咖啡少有大小不均的情况，相当适合烘焙，原因在于自然干燥法连咖啡豆中心的水分都去除的关系，如此一来，可以烘焙出酸味温和且少涩味的豆子。烘焙最难之处在于酸味与涩味的控制。大致来说，水洗式精制法因为干燥期短暂，因而酸味与涩味皆强烈。

有许多方法能够缓和酸味与涩味，或将豆子静置一段时间，或者烘焙新豆时比烘焙自然干燥法精制过的豆子多花时间（长1%~2%的时间）。

这样看起来，水洗式咖啡的烘焙难度好像较高，但烘焙自然干燥法的摩卡、曼特宁时，就会发现它们也有其他难关存在。自然干燥法精制的豆子会有尺寸大小不均、干燥不均的状况，因此难点在于避免烘焙过度，而这就要看烘焙者的技巧了。

5 阿拉比卡种咖啡与品种改良

阿拉比卡种咖啡豆中，有极接近原种的传统品种，也有突变种或者与罗布斯塔种杂交生成的品种。咖啡的品种改良不光是局限在对抗病虫害，同时也追求源源不绝的收获量。

1. 阿拉比卡种的品种

所谓的“科、属、种”在生物学分类上代表什么意思呢？从生物学的分类上来说，由上到下分别为“界、门、纲、目、科、属、种”，“种”的下面又再分为次种、变种、品种。

阿拉比卡种咖啡一般被认为原产自埃塞俄比亚高原，广泛分布于热带地区，经过反复的突变和配种，衍生出许许多多的品种。现在，据说光是阿拉比卡种咖啡就有70多个品种存在。

所谓“品种”，拿米来说明，就是泰国米与日本米的差别。咖啡就像米一样有众多品种。

同时，在品种改良上咖啡与米相同，亦是不断追求提高抗病度、生产量与环境适应力。除此之外，米还追求口味上的品种改良。反观咖啡，不仅在这点上较不注重，甚至还有“改恶”之嫌。为了追求生产效率，咖啡口味的品质提升反而成为次要的考虑目标。

这种倾向由最近世界咖啡市场的动向便可得知。市场对于高品质咖啡，也就是精品咖啡的关注程度大增，咖啡生产国与消费国皆迫切引进全新的品质评价标准。而拥有高评价且能以高价买卖的咖啡，多是阿拉比卡种的固有品种（或称“老树种”），如帝比卡、波旁、卡杜拉（波旁的突变种）等。

在当今的生产品种中，就属传统品种的生产量与抗病度最低，但其丰富的风味却无可取代。

我绝非帝比卡或波旁品种咖啡的信众，也非品种至上主义者，但品种是咖啡美味与否的重要因素是不容否认的，并且有愈来愈多的人注意到这一点。

接下来，我将介绍几个主要的咖啡品种及其特征。

●帝比卡（Typica）

这是阿拉比卡种中最接近原生种的品种，几乎所有阿拉比卡种的品种皆源于此。过去广泛栽种于中南美洲，豆形长，拥有绝佳的香气与酸味，但其不耐叶锈病，需要相当多的遮蔽树而导致生产量低（与波旁相同，每两年才能收成一次）。哥伦比亚直到1967年为止全都种植帝比卡品种，现在则有80%~90%皆改种植生产量高且耐阳光直射的卡杜拉，或是变种哥伦比亚。目前哥伦比亚的咖啡市场上已极少出现纯粹的帝比卡。

●波旁（Bourbon）

帝比卡是最接近阿拉比卡原种的优良次种，而波旁则是帝比卡突变产生的次种。这两者是现存最古老的咖啡品种。波旁由也门移植到东非的马达加斯加岛东边，再到印度洋上的波旁岛（现称留尼旺岛），随后又随法国殖民者进入巴西。特征是豆子颗粒小且浑圆，大多密集群生，故中央线呈S形。

收成量比帝比卡多20%~30%，但比起其他高产量品种仍过

表5 咖啡树的品种分类

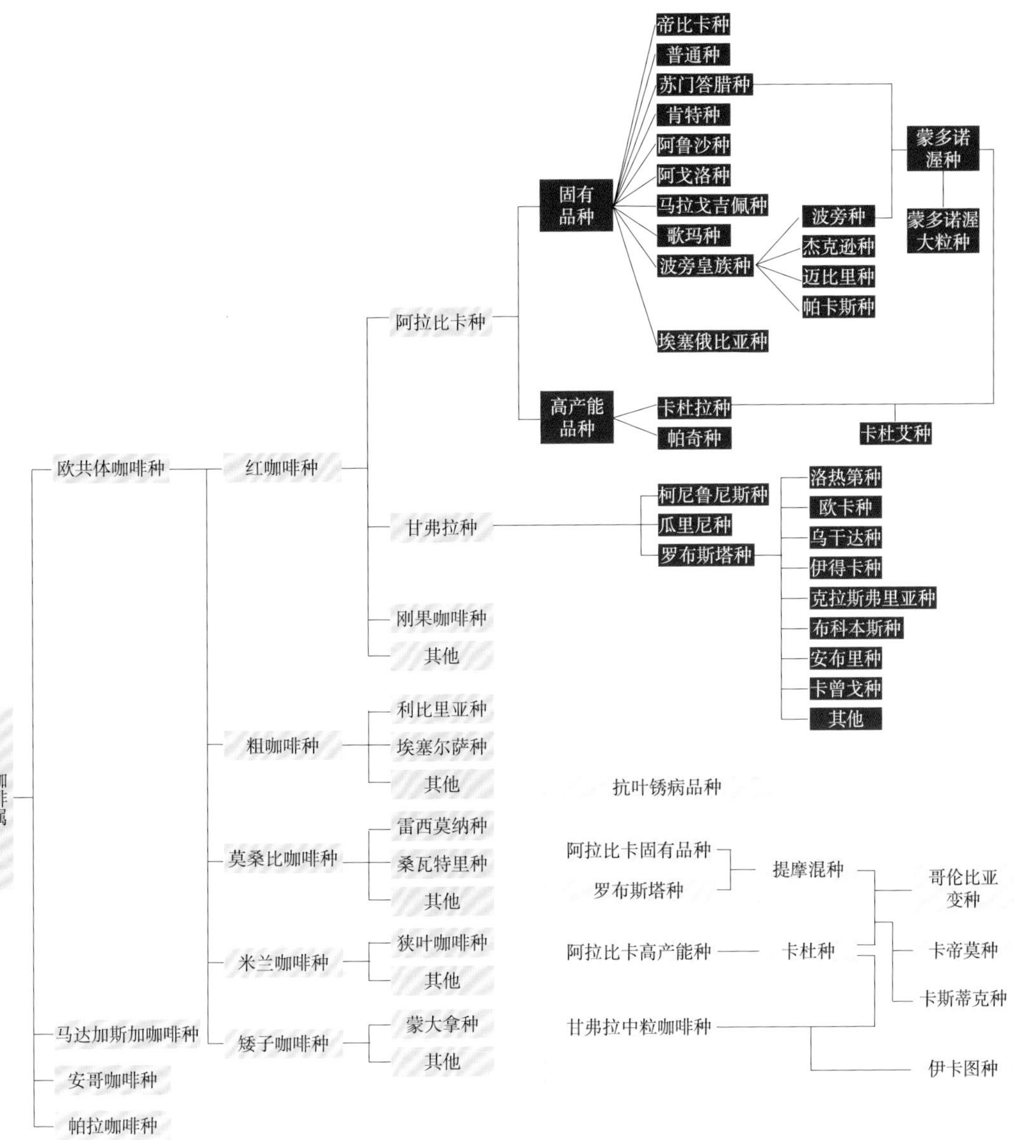

少，再加上每两年才收获一次，因而逐渐被其他品种取代。蒙多诺渥（Mundo Novo）、卡杜艾（Catuai）等波旁的杂交种、突变种，香气与醇厚度皆属高品质，也都具有帝比卡的特性。

●卡杜拉（Caturra）

此为在巴西发现的波旁突变种，树的高度低，豆子颗粒小，产量大且抗叶锈病。缺点是来年才结果，即两年才能收成一次。虽然品质极高，但照料与施肥的成本相当高，适合栽培在海拔450~1700米、年降雨量2500~3500毫米的中高地。特色是富酸味，涩味稍强。

曼特宁（苏门达腊固有品种）
在苏门达腊岛等地栽培的品种，豆子细长且颗粒大，外观不甚平整。

水洗式埃塞俄比亚（埃塞俄比亚固有品种）
称作长豆，豆形长，颗粒大，具有优质的酸味，味道的平衡度佳。

巴西（巴西种）
豆子呈圆形，S形中央线是其特点，具风味与醇度，容易烘焙。

●蒙多诺渥（Mundo Nove）

在巴西发现的波旁种与苏门达腊种的自然杂交种。环境适应力强且耐病虫害，虽属高产量品种，但生长速度慢，豆子颗粒偏大。树高3米以上是它的缺点（此高度已超过采收机所能及的高度，故不适合咖啡采收的机械化），须每年修剪咖啡树的树顶枝叶。1950年左右开始在巴西种植，现在与卡杜拉、卡杜艾同为巴西的主要品种。蒙多诺渥的酸苦味平衡佳，口味接近固有品种，因此刚刚上市就受到众人追捧，而将之命名为“Mundo Nove”（新世界）。

●卡杜艾（Catuai）

蒙多诺渥与卡杜拉的杂交种。产量高且环境适应力强，树高低（因为蒙多诺渥的树高过高，导致收成困难，因而将之与树高低的卡杜拉杂交）。与卡杜拉不同的是，卡杜艾年年结果。虽然必须充分施肥，但耐病虫害，且面对强烈的风雨果实也不易掉落。不过其果实成长采收寿命只有10年左右，寿命太短是其弱点。主要栽培在哥伦比亚到中美洲这片广阔的区域。卡杜艾的味道比蒙多诺渥单调且缺乏醇厚度。

●马拉戈吉佩（Maragogype）

这是在巴西发现的帝比卡的突变种。豆子颗粒大，需用19号[①]以上的筛网过滤。味道有些贫乏，但外观卖相佳，故受到一部分市场的青睐。树高偏高故产量低。

●肯特（Kent）

印度的品种。产量高，对于病害，特别是叶锈病的抗病性强。被认为是帝比卡与其他品种混合的杂种。

●阿马雷欧（Amarello）

一般来说，咖啡的果实成熟时会呈现红色，但此品种的咖啡果实正如其名（Amarello源自近代拉丁语Amprellus，就是“黄色”的意思），果实成熟为黄色。树高低，故产量高。

●卡帝莫（Catimor）

1959年诞生于葡萄牙，当时将抗叶锈病能力强的帝莫种（Timor，阿拉比卡种与罗布斯塔种的杂交种）与波旁的突变种卡杜拉交配生成。为高产量的商业用品种中生长度最佳、产量最多的品种。树高偏低，咖啡果实与种子（生豆）偏大。由卡帝莫衍生出的新品种相当多，大抵来说，卡帝莫系列的品种皆强壮，环境适应力强且产量也高。唯独口味上，低地产的卡帝莫与其他商业用的品种相差不远，但是在海拔1200米以上高地出产的卡帝莫，与波旁、卡杜拉、卡杜艾等相比，就明显居于劣势。

---

① 此编号是指筛网的网孔直径为19/64英寸（1英寸=25.4毫米）。

●变种哥伦比亚（Variedad Colombia）

卡帝莫与卡杜拉杂交生成的高抗病性品种，耐日光直射，且能短期收获。哥伦比亚于20世纪80年代开始广泛种植，取代过去的固有品种帝比卡成为主力品种。一般来说，以帝比卡为代表的阿拉比卡种咖啡树必须有遮蔽树为它遮阳，但拥有四分之一罗布斯塔种血统的变种哥伦比亚咖啡树不需要遮蔽树，且能够全年生产采收。只是近年可能因为农药或化学肥料的影响，会造成咖啡豆发出石碳酸味（Phenol，类似碘味的臭味）。与固有品种帝比卡的不同之处，透过深度烘焙（Fullcity Roasting）即可一目了然。一般咖啡经过深度烘焙之后酸味会变弱，苦味会增强，而变种哥伦比亚种咖啡经过第二次爆裂期[①]后，苦味会急剧增加。

2. 品种改良及其解决的问题

下面列出各咖啡生产国进行品种改良的历史轨迹与方向。

a. 高收成量
b. 矮种咖啡树（树太高收成困难）
c. 高抗病性（特别追求耐叶锈病的品种）
d. 短期收获（以往的品种最快也要3年才能收获，另外也有一两年即可收获的品种）
e. 同时结果（收获期短，有效率）
f. 环境适应力高（特别耐霜害）
g. 外观佳（咖啡豆颗粒大）
h. 味道佳

由改良后产出的品种即可看出，品种改良的方向之一就是对抗叶锈病等病虫害，其二就是不断追求高收成量。因此在咖啡的品种改良上总是忽略提升味道品质这一问题。

为何咖啡的品种改良总是以杂交种（主要是罗布斯塔种的杂交种）为中心呢？主要原因是咖啡生产国以发展中国家为主，它们由17世纪开始便靠咖啡赚取外汇，因此无论如何，最重要的是确保每年收成量稳定，降低风险，增加杂交种的种植量，以提升经济实力。

哥伦比亚（帝比卡种）
曾经风靡一时的帝比卡优质咖啡。

尼加拉瓜（乌拉戈吉佩种）
外形佳，因而与圆豆一样受到重视。

●关于咖啡的品种（1）

咖啡的品种对味道的影响不像葡萄酒那么大。对葡萄酒来说，只要喝一口赤霞珠（Cabernet Sauvignon）或霞多丽白葡萄酒（Chardonnay）等传统品种，就能分辨出其差异。但咖啡不管是喝下帝比卡（Typica）或者是卡杜拉（Caturra），都无法从味道上分辨出。

（下转第17页）

① 请见第3章关于咖啡豆烘焙的介绍。

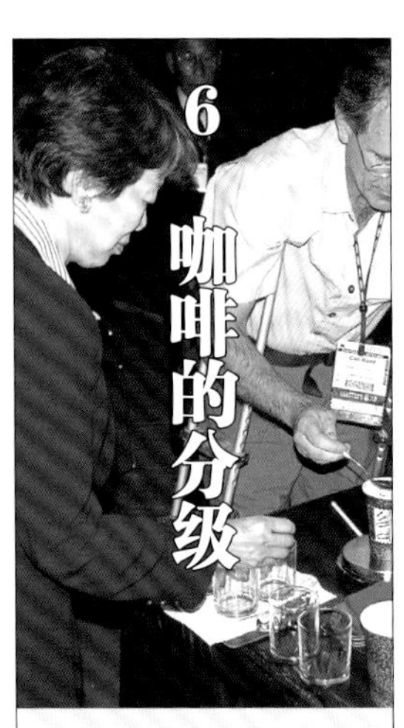

6 咖啡的分级

咖啡生产国都有各自对于咖啡的分级方式与评价标准，以作为国际买价指标。近年来，咖啡消费国开始要求统一新的评价标准。

■咖啡的品质评价

A咖啡店的店主说：

“我们店里用的咖啡豆是巴西圣多斯NO.2。你们店呢？”

B店主也不甘示弱地说：

“我们店里当然用与蓝山NO.1同等级的巴西NO.1喽!”

巴西采用的评价方式为“扣分法”，依每300克主豆中有多少瑕疵豆分列等级，等级共有NO.2到NO.8七个层级，扣分在4以下则归为NO.2（顺带一提，NO.8则为扣分360）。一颗瑕疵豆都没有当然可称得上是NO.1，但是这种情况少，无法维持一定的供应量，故巴西将NO.2设为最高级，而非NO.1。

而牙买加的最高等级是蓝山NO.1，但巴西的最高等级是NO.2。B店主正是因不了解而丢脸丢大了。

各咖啡生产国为了给自己收成的咖啡分级，而有各自的分级方式与品质评价标准（当然也有像出产名品咖啡摩卡・玛塔利的也门一样，没有统一出口规格的国家）。倘若全世界咖啡生产国有共同的评价标准，对于买方来说会方便得多，可惜的是，现在的分级标准仍以各生产国的国情为准。

虽说如此，我们仍旧可以根据以下三点大致区分。

（1）根据产地的海拔高度分级

（2）根据筛网（生豆的尺寸）分级

（3）依筛网及瑕疵豆比例分级

1. 由产地的海拔高度评价品质

前面已经提过，高地产咖啡的品质优于低地产，因而在此将产地的高度也列入品质评价的标准之一。海拔愈高，相对的气温愈低，咖啡的果实能够慢慢成熟，这样完全成熟的豆子膨胀性好，容易烘焙。因此，中美洲的咖啡生产国几乎只以产地的海拔高度来评价咖啡豆的品质。

譬如危地马拉的咖啡（参照表6-B）。该国品质最高级的咖啡称为SHB，为Strictly Hard Bean的首字母缩写，种植在海拔1350米以上的地方。墨西哥亦然，最高品质的SHG（Strictly High Grown）种植在海拔1700米以上的高地。萨尔瓦多与洪都拉斯的SHG也种植在海拔1200米以上的高地。

咖啡栽种地若都像巴西属平坦高原地带，就可以大规模采用机械化，但中美各国的咖啡主要栽培地带皆是山丘的斜坡处。我也曾经数次前往参观，种植在那样的地方实在很难使用机械化耕作。据说牙买加的蓝山地区甚至有坡度倾斜超过40度的险坡。

种植在那种地方，只能用手摘法将一颗颗成熟变红的果实小心翼翼采下，虽然成本较高，但却能够生产出杂质与瑕疵豆少的高品质咖啡。

表6-A　牙买加咖啡豆的品质与分级

等级	海拔高度	筛网	瑕疵豆比例（300g中）
蓝山NO.1 Blue Mountain NO.1	1000~2000m	S-17/18	最多2%
蓝山NO.2 Blue Mountain NO.2		S-16/17	最多2%
蓝山NO.3 Blue Mountain NO.3		S-15/16	最多2%
Blue Mountain Triage		S-15/18	最多4%
圆豆 Blue Mountain P.B		S-10MS	最多2%
高山 High Mountain		S-17/18	最多2%
牙买加优质 Jamaica Prime		S-16/18	最多2%
牙买加精选 Jamaica Select		S-15/18	最多4%

2. 以筛网评价品质

采用筛网评价品质的国家有肯尼亚、坦桑尼亚、哥伦比亚等哥伦比亚清新明亮型咖啡（在纽约期货交易所根据产地来源买卖的咖啡种类之一）的生产国。所谓根据筛网判断品质，也就是根据生豆尺寸大小评价品质的意思。各类生豆，通过打了洞的铁盘筛网决定豆子的大小。

筛网洞孔的大小单位是1/64英寸，故17号筛网是指17/64英寸，也就是生豆能够通过洞孔大小6.75毫米的筛网之意。大于这个尺寸的豆子则通不过筛网，小的能够通过，因此筛网的数字愈大，代表豆子的颗粒愈大。

坦桑尼亚最高级的咖啡豆是称为AA的大颗粒豆子，需用到18号（7.14毫米）以上的筛网；肯尼亚的AA也是要用到洞孔7.2毫米以上筛网的大颗粒豆子。哥伦比亚有特选级（Supremo）与上选级（Excelso）两种等级，特选级需用17号以上的筛网，上选级则适用筛网14/16（指16号筛网的豆子中，混有11%的14号筛网豆子）。

我曾经多次烘焙相同种类、不同大小的咖啡豆来尝试味道，进而了解它们在味道上表现的差异。大颗粒豆子味道比小颗粒豆子更为丰富多变。筛网的尺寸大小不同，筛出的豆子确实会产生味道上的不同。

3. 依筛网及瑕疵豆比例评价品质

接下来是咖啡大国巴西。我在一开始介绍过，它是采用瑕疵豆比例（扣分法）、筛网，以及味觉测试三种分级方式综合，衍生出了第三种评价方式。譬如在买巴西咖啡豆时会看到“巴西圣多斯NO.2、

●关于咖啡的品种（2）

咖啡的品种、栽培方式、精制方式等要素相当重要，但并非用传统品种帝比卡煮出来的咖啡就好喝。若没有正确的烘焙与萃取，不论什么品种的咖啡煮出来都不可能好喝。

过去说到哥伦比亚，人们只知道特选级（Supremo）与上选级（Excelso）等分级，其之前的咖啡品种就不清楚了。有些人视罗布斯塔种的杂交种为劣等咖啡，事实上没那个必要。贫穷的生产国有它们的国情，富裕的消费国应视其状况伸出援手。如果只将重点摆在咖啡的品种上，将会陷入血统主义的危机中。

表6-B　危地马拉咖啡豆的品质与分级

等级	名称	缩写	海拔（米）
1	Strictly Hard Bean（极硬豆）	SHB	1400以上
2	Hard Bean（硬豆）	HB	1200~1400
3	Semi Hard Bean （稍硬豆）	SH	1100~1200
4	Extra Prime Washed（特优质水洗豆）	EPW	900~1100
5	Prime Washed（优质水洗豆）	PW	800~900
6	Extra Good Washed（特良质水洗豆）	EGW	600~800
7	Good Washed （良质水洗豆）	GW	600以下

表6-C　哥伦比亚咖啡豆的品质与分级

出口等级依豆子尺寸区分分为特选级（Supremo）与上选级（Excelso）。
特选级：
80%的豆子能够通过17号以上的筛网
上选级：
80%的豆子能够通过14/16号以上的筛网

19号筛网、极温和（Strictly Soft）”的标示，它的说明如下：

- ●巴西——生产国名
- ●圣多斯（Santos）——出口港口
- ●NO.2——表示瑕疵豆混入数量的分级方式，NO.2为最高等级，而NO.8则为输出销售规格的最低下限。
- ●19号筛网——表示豆子的尺寸大小，巴西以12~20表示，号码愈大颗粒愈大。“19”表示通过7.54毫米洞孔筛网的豆子。但是此分级法仅限用于平豆，圆豆须使用特殊的椭圆形孔筛网（8~13）分级。
- ●极温和（Strictly Soft）——表示杯测（Cup Testing）的分级，极温和表示最高级。

我在后面的章节会详细说明杯测的重要，这里简单介绍巴西式的杯测分级法。

等级1：Strictly Soft（极温和）
等级2：Soft（温和）
等级3：Softish（稍温和）
等级4：Hard（艰涩）
等级5：Rio（淡碘味）
等级6：Rioy（浓烈碘味）

这里的等级，1到3统称为“温和”（Soft），甜味、苦味与酸味均衡，是口感相当温醇的良质咖啡。相反的，等级5和6是带有碘臭味的劣级品。巴西里约热内卢一带土壤有强烈的碘味，采收时咖啡果实落在这些土上，就会沾附上独特的味道。

巴西这种三段式分级法在其他国家都没有采用过，原因是没有必要。换句话说，就算不用“杯测”也能知道这些咖啡具有一定品质。巴西之所以采用这种“杯测分级法”是因为产地过大、产豆过多，为了调制出口专用的咖啡口味，常会将这些咖啡豆混合使用，而因此出现品质不一的情况需用“杯测”分级。

为此巴西的咖啡鉴定师必须遵守严格的要求：为了让鉴定咖啡

表6-D　坦桑尼亚咖啡豆的品质与分级（阿拉比卡种）

AA：筛网6.75mm以上
A：筛网6.25~6.50mm
B：筛网6.15~6.50mm
AF：AA及A级豆的轻量豆
C：筛网5.90~6.15mm
TT：B级豆中的轻量豆
F：AF与TT级中的轻量豆
E：象豆
PB：圆豆

时味觉与嗅觉充分运作，这些鉴定师除了不能有蛀牙外，还不能吃韭菜、洋葱、蒜头等会让舌头麻痹的食物，烟、酒、浓味香水等当然也被禁止。禅寺门前常立有“荤酒禁入本山门”的石柱。这里的“荤酒”是指韭菜、青葱等味道强烈的青菜以及酒。巴西的咖啡鉴定师就如同禅僧般，每天以素食为主。

除了前面提到的三种分级法外，也有些地区像牙买加一样，采用栽培地分类。

各生产国的分级方式各式各样，要全部记住需要一点技巧，但熟悉之后也就没什么大不了的了。以上我详细介绍的咖啡分级方式，归为一句话：“没有瑕疵豆的高地产大颗粒咖啡豆就是好豆。”

精品咖啡的概念

新味觉的评价

前面提到的分级方式，是咖啡生产国本身采用的品质规格，这些规格同时也是咖啡消费国用来评价咖啡的基准，不论是Supremo（特选级）、AA或是SHB，都是用来判断咖啡品质的指标。

但是这些生产国的品质规格只能看出有无瑕疵豆、咖啡豆外观如何，却无法了解“咖啡的风味如何”、“酸味和醇厚度如何”等这些咖啡的味道特征。而以味觉来评价咖啡等级，因为各民族的饮食文化以及个人喜好的差异（譬如说，巴西咖啡的碘臭味在欧洲不受欢迎，但在中东以及土耳其的部分地区，却将之视为传统的一部分而特为珍

表6–E　巴西咖啡豆的品质与分级

混入物	有X个	扣分
石头、木片、土（大）	1个	5分
石头、木片、土（中）	1个	2分
石头、木片、土（小）	1个	1分
黑豆	1个	1分
带壳豆	1个	1分
咖啡皮（大）	2个	1分
咖啡皮（小）	1个	1分
干果	2~3个	1分
发酵豆	1个	1分
虫蛀豆	2个	1分
未熟豆	2~5个	1分
贝壳豆	3个	1分
破裂豆、瑕疵豆	5个	1分
炮仗豆、发育不良豆	5个	1分

※巴西以上述表格为基础，换算300g咖啡豆中混入的瑕疵豆以及杂质的量而扣分，再视扣分情况将豆子分成NO.2~NO.8。

视），而被排除在评价标准之外。

“没有瑕疵豆的高地产大颗粒咖啡豆就是好豆”，但这样的咖啡味道究竟是好还是坏，就是个人主观的问题了。咖啡饮用的品质（香味的品质）由饮用者自己判断，味道的品质好坏并不是出口国可以控制的。

这是国际咖啡交易市场上的默契，长久以来，这种买卖习惯已被固定。大约从30年前，美国提出“光靠咖啡生产国的分级规格，无法正确评价咖啡的味道”后便开始着手寻找以味道为评价标准的新分级法。这就是“精品咖啡”（Specialty Coffee）的概念。

“精品咖啡”这个名词出现在1978年，因努森咖啡公司的努森女士在国际咖啡会议上使用而开始流传。“精品咖啡”的定义是特别气候与地理条件下培育出的独特香味的咖啡豆，相当单纯明快。这里出现的“Microclimates”是葡萄酒界常出现的用语，指气候条件微妙不同之意。葡萄树即使种植在同一地区，旁边是田地、森林、丘陵、池塘或是小河川，这些条件的不同都会引起气候的微妙变化。这种微妙的气候环境差异，称为“Microclimates”。

顶级的红酒是法国勃艮第（Bourgogne）产的罗曼尼·康帝（Romanee-Conti），它的葡萄园位于面南的倾斜地的一角，旁边就是著名的艾芝堡（Richbourg）红酒葡萄园。其间没有明显的分界，只有一条一个人可以通过的小路直直穿过，但小路两边的葡萄酒价差却在5倍以上。微妙的气候差异、复杂的地壳构造与土壤（特定地区的特性，亦称Twrroir）皆可产生截然不同的价值。

将葡萄酒世界的“Microclimates”想法用在咖啡上，这种思考方式没有成为主流，没有在最大的咖啡消费国，应该说是最大的低品质咖啡进口国——美国产生效应。出口到美国的咖啡，主要是巴西的NO.4~NO.5，以及在墨西哥与哥伦比亚被视为“搁置品”的劣级品，再加上科特迪瓦的罗布斯塔等。甚至有传言说部分咖啡中混有面粉。由此应该不难想象美国咖啡的品质了。

20世纪80年代美国的咖啡消费急速衰退也是情理之中的事，难喝再加上不健康，消费者开始纷纷投靠红茶或者可乐。咖啡业者及时改弦更张，引进欧洲风的深度烘焙咖啡“Espresso”，其中又以星巴克咖啡（Starbucks Coffee）最具代表性，以追求美味咖啡为目标。口味平淡又难喝的美式咖啡顿时被驱逐。

坚持只使用优质咖啡豆的星巴克咖啡，同时也成为精品咖啡的指标。以Espresso为代表的深度烘焙在美国市场交易额增长至100亿美元。原为劣质咖啡最大消费市场的美国，仅短短十年间就成为高品质咖啡最大的消费国。

只要是美味的咖啡，咖啡消费国就愿意花高价购买；只要提供美味的咖啡，消费者就不会离弃咖啡，市场也就得以成长。“以精品咖

●美国精品咖啡协会（SCAA）大会见闻记（1）

2003年波士顿举办的美国精品咖啡协会大会讲座

我出席了2003年4月在美国东岸的波士顿举办的美国精品咖啡协会大会，此大会是全球最大的咖啡展示会，当时第15次举办。展示共有40多国参与，共计80种咖啡参展。与会者除了咖啡生产企业，还有与咖啡产业相关的所有公司，他们齐聚一堂，在现场不断推销自家产品。

我参加了基础烘焙与杯测的讲座，让我开始重新思考“何谓基础？”“何谓标准？”

一堂讲座为3个小时，我参加的讲座共计五六十人参加。只要缴纳入场费，外国人也能参加，这点果然很有美国人开放的作风。讲师以相当积极的口吻说：“这杯咖啡这么做的话就会变得更有价值，而且……”一贯简单易懂的教学方式，令人印象深刻。

啡为代表的高品质咖啡是笔大生意”，咖啡生产国与消费国都发现了这个极简单的事实。

■咖啡分级的变化

追求高品质咖啡的潮流会风起云涌，背景因素在于，咖啡生产国为了提升产量而进行的品种改良忽略了味觉方面品质的提升。

全世界的咖啡生产国都在追求抗病虫害、高收成的品种，帝比卡、波旁等固有品种逐渐被打入冷宫。在咖啡生产国的评价标准上与旧有品种同属最高级的SHG，实质却是罗布斯塔种的杂交品种。这样杂交的外表颗粒大、表面有光泽的咖啡豆，实际烘焙喝下后会有“虚有其表”的感觉。类似的咖啡愈来愈多，因而咖啡生产国纷纷开始重新看待固有品种咖啡，兴起希望恢复帝比卡、波旁等咖啡的复古主义。

精品咖啡还没有严格的定义，原因在于定义单位是各国的精品咖啡协会，而每年的定义内容都在改变、进化。现将1982年成立的美国精品咖啡协会（SCAA）目前通行的标准大致列举如下：

1. 是否具有丰富的干香气（Fragrance）。所谓干香气是指咖啡烘焙后的香味，或是研磨后的香味。
2. 是否具有丰富的湿香气（Aroma）。湿香气是指咖啡萃取液的香味。
3. 是否具有丰富的酸度（Acidity）。“Acidity”是指咖啡的酸味，丰富的酸味与糖分结合能够增加咖啡液的甘甜味。
4. 是否具有丰富的醇厚度（Body）。“Body”是指咖啡的醇厚度，也就是咖啡液的浓度与重量感。
5. 是否具有丰富的余韵（Aftertaste）。“Aftertaste”是咖啡的余韵，根据喝下或者吐出后的风味如何作评价。
6. 是否具有丰富的滋味（Flavor）。“Flavor”指的是滋味，以上颚感受咖啡液的香气与味道，了解咖啡的滋味。
7. 味道是否平衡。

以上为SCAA的评价标准，也就是咖啡消费者的评价标准。另一方面，咖啡生产国对于精品咖啡的评价标准如下：

1. 精品咖啡的品种是什么？阿拉比卡的固有品种帝比卡，或是波旁品种为最佳。
2. 在哪个地方栽培？栽培地或是农庄的海拔高度、地形、气候、土壤、精制法等是否明确？
3. 是否采行高水准的收成法与精制法？成熟豆子的比例是否较高？瑕疵豆混入的比例是否最少？

以上是对咖啡消费国以及生产国的评价概括，由此可看到评价的对象已经跨越过去未曾注意的“是否美味”、“香味的印象与独特

●美国精品咖啡协会（SCAA）大会见闻记（2）

美国精品咖啡协会（SCAA）大会在这15年间，毫不吝惜地将咖啡基础知识和技巧方法与大众公开分享，这点至今仍令我相当感佩。反观其他地方的咖啡业界，对于这些基础地道的教育训练和练习都相当怠惰。

感”等领域，这些评价基准与过去迥异，传统的评价标准主要观察咖啡豆外观是否有缺陷，完全没有涉及味觉方面。新的评价基准让我们深刻了解“要制作精品咖啡，非经过‘杯测’（Cupping，咖啡的味觉评价）步骤不可”。咖啡的味觉评价逐渐走向葡萄酒的感官评价方式。

■何谓“Cup of Excellence”

“栽培优质的精品咖啡，不等于会在景气低迷的咖啡市场中卖出好价钱!”倘若如此，咖啡生产国的生产欲望必然会受到影响。让生产者有动力种植高品质咖啡的理由，不仅是“我要种出美味的咖啡!”这种自觉，还有高利润。

因此出现精品咖啡品评会，采用“Cup of Excellence”制度（以下简称COE），根据分数评价排名。此会每年一次，精品咖啡的栽培者可将自己最好的咖啡豆交由此会的国内或者国际审查员审查。经过三阶段严格的审核，被认为最高级的咖啡豆将被赠与COE的称号。此评价制度于1999年巴西的咖啡生产团体开始采用，现在危地马拉、巴拿马、哥斯达黎加及尼加拉瓜等地方都广泛采用，有普及化的倾向。

冠上COE称号的咖啡，可以在以精品咖啡为主的国际网络拍卖上高价交易。这个制度不仅提升咖啡庄园的生产欲望，亦能提升对咖啡庄园及其附近区域的评价与当地的知名度，进而增加咖啡交易量，具有多重效果。其实，在葡萄酒界也有类似的制度。

■对精品咖啡的考察

所谓“最棒的咖啡”究竟是什么样的？就是具有独特性吗？为了了解这点，我首先试买了24袋2001年度危地马拉COE排名第四的“薇薇特南果”（Huehuetenango）。价格比平常买的危地马拉SHG贵上一倍，但只要一试喝，就知道它是超越想象的美味咖啡豆。

精品咖啡的优势在于，首先它几乎没有瑕疵豆，豆质肥厚且大小平均，酸味丰富，具醇厚度与香味。若市场上流通的咖啡豆都是这个样子，那大家就不用花费那么多心思分级了！我这么说也不怕大家误会，巴哈咖啡馆这数十年一路走来所采购的普通咖啡（亦即在一般市场上流通的咖啡，也就是商务咖啡）都是为了练习制作“精品咖啡”。通过完全的手选挑除瑕疵豆与杂质，豆子大小均一，至少巴哈咖啡馆所使用的生豆在外表上与精品咖啡豆无异。

精品咖啡对于品种也有特别的要求，譬如固有品种的帝比卡、波旁、卡杜拉，与其他品种的杂交种，只要血统明确都可以。试着烘焙固有品种帝比卡，透热性佳，膨胀性高且易于烘焙，由于帝比卡的成熟度高收成量少，故溶解比例也高。在浅度烘焙咖啡评价较高的时代里，易于烘焙的固有品种很有价值，但是在当今深度烘焙席卷咖啡界且烘焙技术已提升，就没必要特别强调帝比卡与波旁。

不过，当食品安全与生态环境成为关键问题，“生产追踪管理系统”（Traceability）[1]一词成为日常生活随处可见的字眼时，人们必然开始追求“血统明确的咖啡”。意即品种明确，生产地区、庄园、生产者明确，咖啡的种植方式明确，所有资讯都公之于世。相反的，那些“出身”不明的咖啡，会被认为不值一提。

与平常喝的商务咖啡相比，精品咖啡多了繁复的栽培与精制程序。以葡萄酒来比喻，商务咖啡就是一般喝的日常餐酒，而精品咖啡就是AOC葡萄酒（法定产区葡萄酒）。

不过，“非精品咖啡就不算是咖啡”这种极端想法是不正确的。这是一种产地至上主义和品种至上主义。每天都喝高级葡萄酒，就会失去偶尔享用的乐趣。比起这些，我更希望不论何种咖啡都能去除瑕疵豆，豆子大小均一。生豆若是大小一致，就不会产生烘焙不均的问题，而能够提升咖啡的纯度与美味。“出身血统明确的咖啡”虽然很好，但更应优先提高咖啡整体的精制度。过分依赖特定的精品咖啡，若是遇上缺货就会产生大问题。

表7　分级咖啡的生产比例

A
B
C
D
E
F

A. 卓越咖啡（Cup of Excellence）
B. 精品咖啡（Specialty Coffee）
C. 高级咖啡（Premium Coffee）
D. 一般流通品（Commodity Coffee）
E. 规格外的咖啡
F. 生产国国内消费专用

2001年夺得巴西COE（Coffee of Excellence）第一名的咖啡豆。

---

① “生产追踪管理系统”，意即在食品上标明生产、处理、加工、流通、销售等各阶段的资讯，便于日后追踪的系统。

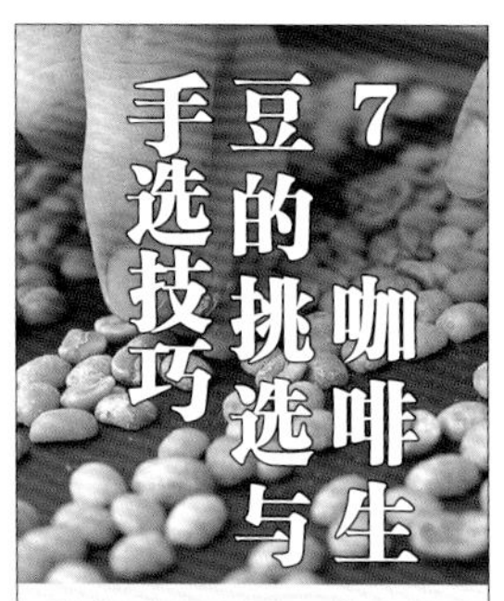

7 咖啡生豆的挑选与手选技巧

咖啡生豆中常混入杂质与瑕疵豆，若未经处理就烘焙饮用，咖啡的味道一定会受影响，去除这些杂质与瑕疵豆后再行烘焙，咖啡会更加美味。

■统一咖啡豆的形状与大小

“小黄瓜的味道不会因为大小不一而不同”，这点我赞成，但是就咖啡豆来说，“反正都要加热，咖啡豆大小不同也没关系”我就不能苟同了。或许在同一片田地上采收的小黄瓜，不论直的或弯的在味道上并没有不同，但是咖啡豆可就不同了!同一棵树上采收下来的咖啡豆，不论颗粒大小、成熟或未熟，如果全都放进同一个锅子里烘焙，会产生烘焙不均的成品。

果肉厚实的豆子与果肉薄的豆子一起烘焙，果肉厚实的豆子透热性差，中心（豆子中水分未被去除的部分）会发生烘焙不到的夹生状态。煮意大利面时，为了要有适度的口感会煮到夹生状态，但夹生状态只被允许存在于意大利面的世界，咖啡的世界是行不通的。

夹生的咖啡外观上看不出来，只能看到烘焙豆漂亮的表面，但剖开来看便一清二楚。豆子中间分成烘到的部分与没烘到的部分。夹生的咖啡豆萃取出的咖啡液会有呛喉的浓重味道。

果肉厚实的豆子（右）与果肉薄的豆子

总之采购咖啡生豆时注意，形状、厚度、尺寸、色泽、中央线的伸展样子等全都平均的豆子最佳。简而言之，模样平均的豆子就是好豆子。可惜这样的豆子极为少见。

含水多的豆子（右）与含水少的豆子

图中全为瑕疵豆。喝下以这些瑕疵豆萃取出的咖啡，就可知道瑕疵豆对于咖啡味道会有多大的影响。

常有人问我：“大颗粒豆与小颗粒豆，哪种味道较佳？”我回答：“生产地根据尺寸大小，对大颗粒的咖啡豆评价较高。”也有说法认为筛网尺寸（咖啡豆大小）的分级法与味道并无关系。现在属于咖啡先进国的北欧诸国皆是采购巴西等地最高级的咖啡豆，主要购买筛网13~16号的小颗粒豆子。但严格说来，大颗粒咖啡豆拥有较佳的风味。

实际将同一个咖啡树采收的大小豆子烘焙萃取，杯测后可以明显比较出味道的不同。还是颗粒大且顺利生长的豆子味道较佳。

提到大颗粒的咖啡豆，常会有像马拉戈吉佩（9号筛网以上的大颗粒豆子，也称为“象豆”）一样大于一般豆子两倍的优质豆混在其中，这会造成烘焙不均，建议事先以手选挑出。不过这不是为了要挑除瑕疵豆，而是要将大颗粒的豆子集合在一起另外烘焙。

就烘焙来说，与其重视豆子大小与味道优劣的关系，豆子尺寸是否一致更为重要。不同大小的豆子须各自分开，切勿混在一起烘焙，否则必然导致烘焙不均的结果。

同样的，豆子的颜色也以一致为佳。生豆的颜色有青色、褐色等多种的颜色，豆子的颜色表示含水量，故豆子颜色一致也较容易烘焙。一般来说，偏青色、绿色表示水分多，偏褐色近乎白色表示水分少。

对于豆子的形状，肉质厚者为佳。即使豆子的颗粒大，肉质薄者味道也相对单薄。味道丰富且富深度的，一般来说只有高地生产的肉质肥厚咖啡豆。肯尼亚、哥伦比亚、坦桑尼亚等阿拉比卡种水洗式咖啡豆已被纽约市场归类为“哥伦比亚清新明亮型咖啡”的上等品种；肉质肥厚且含水率高，故烘焙时中心不易烘熟，但透过适度的烘焙，可以引出其丰富多变的风味。

最后要提的是中央线（在咖啡豆中央纵向的细沟），中央线清楚且明确的豆子为优质品。另外，覆盖在其表面的银皮如前面所示为银色者佳。银皮呈现茶褐色者，除了具有良好管理的自然干燥法豆子外，大多是不良品。

■何谓手选

“手选”是将混在美味咖啡豆中的杂质与不良豆子去除的步骤。咖啡豆中常会混入异物，例如石头、木层、金属片、土粒、树的果实等，有时还有硬币和玻璃片。使用专门机器仍然无法完全将杂质清除干净，最后必须依靠双手进行挑选，也就是手选的步骤。

不论是咖啡还是荞麦，若没有将小石头或玻璃碎片等杂质去除干净，都会伤害烘焙机或是石磨，进而会受到抱怨，或者让客人吃到掺有沙子的荞麦面。当然，在咖啡生产地都会使用比重选豆机（利用风力依颗粒大小与重量分类）或是电子选豆机（依颜色挑除瑕疵豆）防止杂质与瑕疵豆混入，但是防不胜防，还是要用人的双手挑选。特别是未熟豆很难通过机器挑选去除，必须用手选才行。而且这些未熟豆对于咖啡的味道会产生极不良的影响。瑕疵豆除了未熟豆外，还有死豆、虫蛀豆、黑豆、发霉豆、贝壳豆、发酵豆、破裂豆、带壳豆、可可[①]等。

●关于手选

我曾多次在杂志、演讲、讲座等场合强调“尽可能将瑕疵豆与杂质手选挑除”的重要性，有的人会因此认为：“这家伙一定是买了便宜的咖啡豆才会这么说！一开始就应该买没有瑕疵豆的高级品!”

这更让我重新感觉宣传手选重要性的困难。我不断强调“手选”的重要性。巴哈咖啡馆每月须消耗2吨的咖啡豆，但客人饮用的一杯咖啡只需要10克咖啡豆。2吨咖啡豆中掺有数克瑕疵豆，对味道不会有太大的影响，但10克咖啡豆中有一颗瑕疵豆影响可就大了。特别是像发酵豆这类瑕疵豆，只要有一颗存在，就足以毁了50克的咖啡豆。

① 巴西称过度干燥的咖啡豆为“可可”。

筛选的生豆

手选在生豆阶段进行一次，烘焙过后再进行一次，即烘焙前后各进行一次。瑕疵豆的比例出人意料地高，优良的咖啡豆一般约含有20%，精制度低的摩卡等更是高过40%。也就是说烘焙过后大约只剩下六七成的咖啡豆可以使用，即100克的生豆中会有30~40克的次品，这样相当浪费。要减少烘焙失败率，必须尽量购买高精制度的优质咖啡豆。若仍旧害怕烘焙失败，挑除瑕疵豆的步骤就不能偷懒。要知道瑕疵豆是咖啡味道的致命伤。

以手摘法采收成熟变红的咖啡果实，照理说瑕疵豆混入的比率应该会低很多，然而实际上收成时会连同青色未成熟的果实也摘下来，更有甚者为了追求采收效率，连树枝也一起折下。另外，水洗式咖啡因为精制过程须经过多次水洗，故较难混入石子、玻璃片等杂质，但若是非水洗式的自然干燥法咖啡，杂质混入的程度相当高。

烘焙咖啡时混入过多瑕疵豆，咖啡成品会出现颜色斑驳的情况。与正常的豆子相比，瑕疵豆氧化的速度异常迅速，有时烘焙过后会呈现白色。在超市或咖啡店等店面常会销售便宜的咖啡豆，将那些包装打开一看，大多可以发现其中混入了相当多烘焙不均的豆子，这都是因为省略了手选步骤直接烘焙而产生的结果。

要了解手选步骤的重要性，最快的方法就是杯测只用瑕疵豆烘焙萃取的咖啡液。喝下之后你会发觉舌头会持续麻痹数小时。由此可证，手选是制作出美味咖啡不可或缺的重要步骤。人们往往将“手选”视为单调、无聊、无意义的行为而等闲视之，我觉得相当可惜。但我希望大家了解，瑕疵豆所造成的味道破坏是不论如何高明的烘焙技术都隐藏不住的。为了让烘焙顺利进行，事前的手选步骤相当重要。

接下来，我具体为大家介绍几种瑕疵豆。

不正常的生豆
① 杂交异常
② 象豆
③ 圆豆
④ 未熟豆
这些豆子最好要挑出来，圆豆和象豆个别烘焙时不会有什么问题，但一起烘焙时会造成烘焙不均。

■瑕疵豆的种类

▲带壳豆

内果皮覆盖在咖啡豆果肉内侧，多残留在水洗式咖啡豆上，烘焙时的透热性差，有时还会着火燃烧，是造成咖啡涩味的原因。

其他还有破裂豆、红皮豆（自然干燥的过程中遇到下雨情况而形成的豆子，味道平淡单调）、发育不良豆（养分不足而停止生长的小颗粒豆子，味道浓重）等，有时还会混入玉米粒或者胡椒粒等。

▲石头

采收的豆子因为使用自然干燥法，容易混入石粒或木屑等。

▲发霉豆

因为干燥不完全，或是在运输、保管过程中过于潮湿，而长出青色、白色的霉菌，有时会使豆子粘在一起，若不去除这些发霉豆，会产生霉臭味。

▲发酵豆

主要分两大类：一种是在水洗式发酵槽浸渍时间过长，被水洗水污染而形成（见第29页发酵豆A）；另一种是堆放在仓库的关系，因而附着细菌，豆子表面变得斑驳（见第29页发酵豆B）。发酵豆外表不易分辨出来，因而手选时应特别注意。发酵豆如果混入咖啡会产生腐臭味。

▲死豆

非正常结果的豆子。颜色不易因烘焙而改变，故容易分辨出来。味道平淡，与银皮同样有害无益，会成为异味的来源。

▲未熟豆

在其成熟前就被采摘下的豆子，有腥膻、令人作呕的味道。将咖啡豆放置数年就是为了对付这些未熟豆而采取的对策。

▲贝壳豆

干燥不良或者杂交异常而产生；豆子从中央线处破裂，内侧像贝壳般翻出。贝壳豆会造成烘焙不均，进行深度烘焙时容易着火。

▲虫蛀石

蛾在咖啡果实成熟变红之际侵入产卵，幼虫啃食咖啡果实成长，豆子表面会留下虫蛀痕迹。虫蛀豆会造成咖啡液混浊，有时会产生怪味。

▲黑豆

较早成熟掉落地面，长期与地面接触而发酵变黑的豆子。可轻易通过手选步骤挑除。混入黑豆煮出来的咖啡会产生腐败味且混浊。

▲可可

自然干燥法使得果肉残留、未充分脱壳是它的成因。带有碘、土等味道，会发出类似阿摩尼亚（Ammonia，即氨）的臭味。“可可”是葡萄牙语“粪”的意思。

■手选的正确步骤

进行手选步骤前，为了使豆子大小均匀，生豆需先过筛。可使用三种不同尺寸的特别定制筛网，也可采用一般园艺店卖的金属筛网，但尺寸上要注意。过筛的目的是为了分开豆子尺寸并去除杂质。

接下来是手选步骤。为了提高手选效率，必须使用一些工具，其中必备的是手选用的托盘。托盘要准备两种，一种是生豆专用的无光泽黑色托盘，一种是烘焙豆专用、贴有无光泽褐色绵纸的托盘。遇上有大量豆子要手选的情况，这样的托盘能让眼睛不疲劳。

手选顺序如下：

（1）取适量的生豆放入托盘中。

重点是适量，过多过少都不好。将生豆摊放在托盘上，用双手食指与中指将托盘上的生豆均分为五等份。少量地进行手选，较不易遗漏瑕疵豆，也比较容易集中注意力。

（2）将生豆挑选至无瑕疵豆为止。

（3）不是只盯着豆子的一面看，而是要拿起来看看它的颜色与形状。不放过任何一颗，目光由右边向左边移动。

瑕疵豆的种类
带壳豆
石头
发霉豆
发酵豆A
发酵豆B
死豆
未熟豆
贝壳豆
虫蛀豆
黑豆
可可（过干豆）

（4）不断重复同样的步骤。

（5）得知挑出瑕疵豆的平均值。

一个托盘中若挑出五到六颗瑕疵豆，以此为平均值，进行下一个托盘的手选。

* *

瑕疵豆挑选的顺序为“颜色→光泽→形状”。

1. 颜色不同的豆子

弄清楚颜色挑选的基准为何，接着将相同颜色的豆子摆在一起。

2. 光泽不同的豆子

可以根据光泽挑选，挑除死豆与未成熟豆。

3. 形状不同的豆子

贝壳豆等对味道的影响较轻微，所以放在最后才处理。

手选顺序1到3渐渐熟悉之后，就能进行整体判断。如此一来，手选速度就能提升，长时间作业下来也不会疲倦。最重要的是两只手一起进行。习惯用手的挑选速度会比较快，但也容易累而无法支撑长时间的挑选工作，所以建议双手一起挑选。

一开始可以大略挑取，将颜色差异最明显的黑豆先挑除，接着是将无光泽的死豆、发酵豆与未成熟豆集中挑除，最后再淘汰形状不同的贝壳豆与虫蛀豆。

可提高效率的工具
① 装取定量咖啡豆的容器
② 计时用的码表
③ 各式手选法的记录卡
④ 黑色托盘
⑤ 照亮手附近的取光灯
⑥ 盛装挑除瑕疵豆的容器

① 首先将豆子均匀散置于盘上仔细观察。

② 将所有豆子集中至托盘中央。

③ 左右摇晃托盘将豆子摊平。

最难判断的是发酵豆与未熟豆。乍看之下，有的是稍微偏黄，或只有很细微的不同，会让人难以判断该不该剔除。然而，只要有犹豫，就该不假思索地挑除。总之最重要的就是要用最完美的手选法，制作出美味的咖啡。

手选步骤结束后，接着再用舌头作最后确认。顺序是试验烘焙（Test roast）、杯测（Cup testing）。同时，将那些被挑除的瑕疵豆根据不同的类别烘焙、杯测也是一大重点。“只要混入一颗发酵豆，就会毁了50克的咖啡”这一说法是真是假，可以透过试喝来判断。

手选的速度要快。若是个人兴趣还无所谓，但若是店里要用的，手选作业会相当耗费人力、时间，也因此很多店都会省略手选或者杯测等步骤。大概的速度是1个小时处理20千克为佳。

烘焙豆的手选法

在托盘上散置适量的烘焙豆

使用两手手指将豆子分成五部分

这些豆子必须挑出来：①焦豆，②象豆，③圆豆，④贝壳豆

④ 使用双手的食指与中指，如图上所示，将豆子均分为五部分。这么做可以维持集中力，减少漏挑的情况。

⑤ 手选法必须用双手进行。

8 新豆与老豆

有的地方习惯于将咖啡生豆静置数年，待干燥后再烘焙。这种豆子被称作『老豆』（Old crop）。究竟老豆与新豆（New crop）之间有何不同？为何唯独日本特别偏爱老豆？

■何谓“老豆”？何谓“新豆”？

就像米有新米、旧米、老米，咖啡也有新咖啡、旧咖啡、老咖啡。新咖啡被称为“新豆”，指的是当年收成的咖啡生豆。前一年生产的咖啡生豆称为“旧豆”（Past crop）。更早几年收成的生豆称为“老豆”。

日本有些打着老豆名号的店，将咖啡生豆像葡萄酒一样静置恒温仓库数年才拿出来烘焙。事实上在欧美等咖啡发达国家认为，只有当年生产的新豆才是高级品，原因是新豆的味道与香气都比较优异。

将葡萄酒装入瓶中，能够因为酵母的产生让酒成熟。脱壳后的咖啡豆不论如何静置它都不可能成熟，因为种子里的胚芽已经摘除，就算种在土里也不会发芽。通常咖啡生产地会将咖啡豆以带壳豆状态保存，脱壳后再出口。以干燥果实（Dry cherry）或者带壳豆状态保存，多少可以保持咖啡的新鲜度。

■新豆与老豆的不同

新豆与老豆在外观上也大不相同。新豆含水量（12%~13%）多，呈现浓绿色。而旧豆（10%~11%）与老豆（9%~10%）的含水量随时间流逝而颜色较浅，用手捧捧看会发现重量与质感较轻，且不会出现像新豆表面覆盖的光泽与触感。但前面说的是以同样品种豆子相比较的状况。根据产地或收成年、精制法的不同，含水量与颜色上也会不同。

比较新豆与老豆的烘焙难度，新豆远比老豆要难得多。差别在于含水量。因为水分愈多，火的传热性愈差，有时甚至会出现烘焙不均的状况。因此水分含量较多的新豆在烘焙初期必须要将水分去除。不过，即使是新豆也会因为含水量不同造成干燥不均。去除水分，也就是干燥咖啡豆，必须用心仔细才行。

另一方面，只要让老豆充分干燥，水分含量平均，烘焙时会遇到

老豆（左）与新豆（右）

的难题也就迎刃而解了。老豆生豆的味觉成分（酸味或涩味等）也能透过数年的存放而趋于平稳。

老豆在日本特别受欢迎有很多原因，我想应该是为了让咖啡豆完全成熟，所以将咖啡豆静置数年。过去我访问墨西哥与危地马拉国境附近的咖啡庄园时，受到庄园主人的招待，当时我偶然注意到庄园主人一家将自家要使用的咖啡豆堆放在仓库的一角。

咖啡是贵重的高价作物，高级品全部出口其他国家，自己国内消费的咖啡豆皆是不合出口规格的劣质豆。招待我的庄园主人一家，也是将未成熟的咖啡豆留下来自己使用。

未成熟的咖啡豆烘焙后会因为太涩而难以入口，因而庄园工人表示必须在仓库静置半年到一年。将这些未熟咖啡豆静置一段时间，可以去除刺激喉咙的涩味，让咖啡容易入口。又因为久放的关系水分已被去除，也便于烘焙。由此可见静置的效果。没有人会故意将新米放成旧米食用，咖啡当然也是新鲜度愈高对健康较好。

●关于咖啡豆的保存

近年来的咖啡业有了很大的变化，由原本销售咖啡豆的模式改为销售咖啡粉，理由是因为这样比较方便。咖啡粉若是趁新鲜的时候使用还没关系，为了方便而牺牲咖啡的鲜度与香气就说不过去了。我对咖啡粉成为咖啡销售主流的现象相当失望。前面已经提过多次，咖啡粉与咖啡豆品质变差的速度有着天壤之别。

其差别源于表面积的差异。咖啡豆变成粉状后表面积扩张数百倍，表面积愈大，与空气接触的范围也就愈大，使得氧化的范围愈大。咖啡豆烘焙过后在常温下的保存期限是两个星期，要长期保存的话可以放在冰箱冷藏。将咖啡豆分装成数小袋冷藏，可以保存数个月之久。另外，生豆要放入高密封度的密封罐并装入厚纸袋中，放置在避免阳光直射且通风良好的地方。若能避开高温多湿的问题，夏季也可在常温状态下保存。

由上而下分别是坦桑尼亚、哥伦比亚、古巴、巴拿马。
1＝轻度烘焙，2＝肉桂烘焙，3＝中等烘焙，4＝高度烘焙，5＝城市烘焙，6＝深城市烘焙，7＝法式烘焙，8＝意式烘焙。由左向右烘焙程度愈来愈高。

第2章 系统咖啡学

5 6 7 8

将咖啡由烘焙到萃取的过程视为一个系统，利用这个过程中存在的各种条件创造出各种咖啡。只要掌握了这套系统，不论是烘焙或者萃取都不是难事。

1 何谓系统咖啡学

咖啡深度烘焙则苦，浅度烘焙则酸——由烘焙到萃取的各个步骤中，有着各式各样的小法则。这些小法则统合而成的大法则，就是系统咖啡学。

■前言

每天不断地反复烘焙、研磨、萃取咖啡，会发现在这个过程中有各式各样的“法则”存在，譬如说，“深度烘焙的咖啡味道苦，浅度烘焙的咖啡味道酸”或是“高温萃取的咖啡苦味强，低温萃取的咖啡酸味强”，等等。

将这些小小的法则收集、串联起来，就能够观察出咖啡由生豆到萃取阶段的制作过程。我通过归纳与推理，将接触咖啡多年来所得到的零星知识整合起来，通过一般的法则导出其中的因果关系。

只要掌握这些法则，不单是能为每种咖啡找到最适宜的烘焙度，还能在最后的萃取阶段，制作出最接近自己想象的咖啡味道。但是咖啡会随着每年的环境改变而产生变化，即使找出法则，仍然会有许多例外与变数。究竟这世上真的存在明确不变的法则吗?

以下我所提出的“系统咖啡学”并非什么异说邪教，更非标新立异的妄想之说，而是长时间处在咖啡烘焙与萃取的世界，通过发现其中存在的因果关系而找到的法则。这个犹如哥伦布发现新大陆的“系统咖啡学”有着特别意义。

本书的论述皆根据这个“系统咖啡学”而来，这是过去所没有的尝试。以下介绍我的推论过程。

■欲使味道重现的话……

经营自家烘焙咖啡店，最需要注意的是以下两点：

1. 是否能够做出同样的味道?

2. 技术是否能够普及、传授下去?

第一点是做生意共同的要点，倘若做不到，就会失去顾客对你的信赖而无法顺利经营。

“那家拉面店的面就像传说中的非常棒！可惜只要主厨一休息，那段时间的味道就会不一样了！”

发生这种事情会让店家招牌挂不住，生意也会做不成。若没有特定人物在场就无法做出相同的味道，这种事情常发生在名人当家的店。这是因为店家的工作人员没有做到第二点——将技术普及。

所以将咖啡视为“最后必须全凭高手的直觉”，将制作咖啡视为某种独家秘技而不愿将技术传授给他人，将无法培育出制作咖啡人才。

烘焙咖啡的过程不允许“不适合、不平均、白费工夫”。不适合的烘焙方式，会让人觉得烘焙过程很辛苦很麻烦。为了避免这种状况，找出大家都能轻易学会的烘焙方法，是我多年来的梦想。

有一天一个人问我：“我想浅度烘焙哥伦比亚咖啡，该怎么做才好?”他还要求抑制酸味。

光是浅度烘焙哥伦比亚咖啡这还不难，但是要抑制酸味就需要特殊技术了。因为根据法则，咖啡经过浅度烘焙后酸味会变强（请参照第3章），原本就属酸味系列的哥伦比亚咖啡经过浅度烘焙后，酸味又变得更强了。他的要求违逆自然法则，就叫做“不适合的烘焙”。

烘焙的确很难，但只要知识与技术能够共同分享，不论是谁，不论在何时，不论在什么地方都能做出相同味道的咖啡。标榜烘焙修业相当严格，生豆需3年、烘焙需8年是现在的潮流，这点让我陷入苦思。我认为这种风潮会让自家烘焙难以普及。咖啡烘焙被视为只有专家才办得到是百害而无一利的。

不论如何复杂纠结的线，只要理出某个“法则”就能轻易解开线团。而烘焙到萃取的过程亦是如此。我就像在寻找破解秘密一样，热衷于追求“法则”。

2 四大类型咖啡豆的特征与味道倾向

将颜色、形状、硬度相似的生豆归为同一类，以颜色区分为A到D4个类型。每一类型都具有明显的差异，也有各自适合的烘焙方式与烘焙程度。

■将咖啡分为四种类型

“有些咖啡具有共同的特性。”

我想每位咖啡烘焙者都会注意到这件事。

譬如我将古巴、海地、牙买加、多米尼加等地，再加上加勒比海上各海岛低地出产的咖啡豆称为“加勒比海系咖啡”。这些咖啡豆肉质薄，呈现白绿色，颗粒较大且软，烘焙时豆子能充分膨胀，颜色也很均匀。因为豆质软的关系，烘焙时常发生爆裂，这是此类豆子的特征，且还会出现硬豆表面常有的黑色皱褶。烘焙过程容易观察，适合初学者练习使用。

与之相对的是哥伦比亚、肯尼亚、坦桑尼亚等地出产的咖啡，也就是“哥伦比亚清新明亮型咖啡”。豆子为深绿色，颗粒大且肉质肥厚，属于硬豆，因而透热性不佳，不易烘焙。采用中度烘焙时豆子膨胀性亦差，表面会产生黑色的皱褶，这是此类豆子的特征。对初学者来说是一项挑战。

像这样将特征相似的豆子大致进行分类，大约可以分为10个系统。

但是要如何了解每种豆子的特征呢？我将咖啡由生豆到完全烘焙完成的过程共15阶段分别记录，还杯测咖啡烘焙八阶段（轻度烘焙到意式烘焙）每个阶段的味道，并记录它的变化。我想这是了解豆子特征最快的方式。这就是“基本烘焙”。

看来很费工夫又麻烦的举动，但是不断重复这些步骤直到熟悉，不但能够抓住烘焙过程的全部流程，还能轻而易举地判断出各种烘焙度的味道变化。接着再将各变化的资料记录在烘焙记录卡上（参照第98页），就能够清楚看出会产生同样变化的生豆是哪些。接着把特征相似的豆子归类为同一个系统，这样反复地作业、分类，就能够从中发现主要有4类不同的特征，称为“四大区分点”。

1. 生豆的颜色
2. 烘焙到产生黑色皱褶时
3. 烘焙到豆子膨胀时
4. 烘焙到颜色改变时

利用以上这些不同将同系列的豆子再次分类，10个系统重新排列组合后可以得到下面A到D4个类型。

进行豆子分类时，首先要将咖啡产地、品牌名称等抛于脑后。我在第3章也会提到，决定咖啡味道的不是产地名称，而是烘焙度。产地名称的影响只是其次，要先在脑中消除产地名称等先入为主的念头。

第1点是根据生豆颜色大致分类。咖啡生豆若是当年采收的“新豆”，则水分含量多，呈现深绿色。若是采收半年以上的“旧豆”，则水分已脱去，渐渐趋于白色。当然这是拿同一种豆子作比较。产地、采收年、精制法等的不同，含水量与豆子的颜色当然也就不同。

一般来说，生豆的颜色会随着时间推移渐渐由深绿色变为白色，因为含水量减少，颜色也会跟着脱落。举例来说，属软豆的巴拿马咖啡豆经过一年脱水，便由深绿色转为白色。墨西哥与咖幼山脉（印度尼西亚产地）的咖啡豆变化更快，颜色每月都有改变，一年过后已经白过头变成黄色了。另一方面，危地马拉与哥伦比亚等含水量多的硬豆，颜色变化就没那么激烈，顶多由深绿色变成绿色。含水量的减少程度根据豆子的不同而有差异。

记住前面说过的，就能整体判断采购豆的颜色差异，将它们按照颜色分成四大类型：

- A型——白色型
- B型——青色型
- C型——绿色型
- D型——深绿色型

这里为了方便，将青色与绿色当做不同类，但并不代表B型的豆子就是水嫩嫩的青色，而是因为将它们拿远观看时，会发现整体偏青色。

前面已经提过，豆子外观的颜色与豆子的含水量有很大的关系。A型豆的含水量较少，D型豆含水量最多，即由A到D含水量愈来愈多。顺便说一下，属于A型的巴拿马SHB，含水量的测量结果为9.8%；D型的坦桑尼亚AA为11.5%。坦桑尼亚的新豆通常含水量为12%~13%，含水量的减少是因为由采收到进入进口国港口已过半年以上的时间。不过即使如此，它的豆子颜色变化也不大，仍旧呈现浓绿色。

当然不能光靠第1点不同就把豆子分成4类，只凭颜色判断，一定有些豆子无法归类，因此才会出现2~4的区分点。2~4是根据烘焙过程中豆子的颜色与形状变化来判断豆子属硬豆或软豆。软豆容易烘焙，硬豆则较难。严格确认豆子状态的时间点如下（参照第97页的照片）：

（1）放入的生豆变松软时

（2）第一次爆裂时（轻度烘焙）

（3）第一次爆裂结束时（中度烘焙→深度烘焙）

（4）进入第二次爆裂时（城市烘焙→深城市烘焙）

（1）是在生豆放入锅里6~7分钟时。以小火蒸焙，利用蒸的方式去除水分，让整体变成白色。最佳时间点以A型和D型相比，A型豆的中央线会张开，银皮会脱落，颜色也会变得更白；含水量多的D型稍微带茶色，但颜色仍旧深绿，中

图3　四种类型豆子的特征

生豆：白色型

照片：巴拿马

生豆：青色型

照片：古巴

生豆：绿色型

照片：哥伦比亚

生豆：深绿色型

照片：坦桑尼亚

含水量由上而下逐增

●A型的特征

含水量少，整体呈现近白色，豆子表面没有凹凸，滑溜溜的。主要在低地、中高地出产，酸味少，透热性佳，能够完全膨胀，香味佳。采用浅度到中度烘焙，能够将味道完全释放出来，最适合初学者使用。

表8　A型咖啡豆的烘焙度与味道倾向　◎：非常适合　○：适合　△：尚可　×：不适合

烘焙度	适合・不适合	味道倾向
浅度	◎	烘焙也不会出现所谓“青霉味”。咖啡的香气通常到中度烘焙左右才会出现，但浅度烘焙的阶段能够让人感受到多姿多彩的芳香气味。除了能够抑制酸味外，还能使味道平衡
中度	○	稍微有些苦味，或者该说是在酸味与苦味的平衡上．苦味稍稍胜出。豆子充分膨胀，故外观佳
中深度	△	到这个烘焙度味道已很单调，香气也减少，还会掺杂一些焦味
深度	×	味道单调平板，浓度与黏稠度俱失，索然无味。焦味反而被突显出来

央线不会轻易打开。中央线打开与否，正可判断豆子的脱水状态，也可趁此时间点确认豆子的软硬程度。

（2）是在过了（1）阶段的数秒后，发生第一次爆裂前。照一般的说法，豆子在第一次爆裂前（水分脱除那一刻）会稍微萎缩，到第一次爆裂时会膨胀。接着在第二次爆裂前会产生皱褶，接着皱褶会扩大。这个理论对A型来说是符合的，但C、D型就不符合了，因为C、D型不容易产生皱褶。在这个时间点，A型的颜色会由白色变为茶色，水分也渐渐脱除，因而豆子会萎缩，表面布满细细的黑色皱褶。D型豆也会产生皱褶，颜色也会渐渐变黑。

（3）是第一次爆裂结束的那一刻。A型的皱褶与凹凸已减少，且颜色比起C、D型要明亮得多。另一方面，在同一个烘焙度时，D型豆因为满布黑色皱褶而整颗豆子变成黑色，可能对某些豆子来说，已经烘焙过度了。

（4）这个阶段时，A型豆会产生皱褶，接着完全膨胀使得豆子表面平滑无凹凸。但是D型豆不会产生皱褶，表面会残留凹凸不平的痕迹。

确认以上4个时间点，可以清楚判断咖啡豆的含水量多少、属于硬豆或软豆。颜色变化平稳，充分遍布皱褶，豆质柔软的就属于A型或B型；相反的，含水量多，不易产生皱褶，肉质肥厚且坚硬的豆子即属C型或D型。

普遍来说，含水量多、肉质厚的硬豆酸味强，扁平豆酸味弱，也就是愈接近A型酸味愈弱，愈接近D型酸味愈强。利用这几项将豆子分成A到D四种类型（参照表8至表11）。

这样的分类结果能够被多方运用。譬如说在采购生豆时，看到外

表9　B型咖啡豆的烘焙度与味道倾向

◎：非常适合　○：适合　△：尚可　×：不适合

●B型的特征

低地、中高地出产，稍微干枯，外表凹凸不平。使用方便，浅度烘焙、中深度烘焙皆适合。其中又以印度APA深度烘焙后口感极佳，属于咖啡的入门品种。透热性不及A型，故浅度烘焙时容易产生涩味，要小心。

烘焙度	适合・不适合	味道倾向
浅度	○	味道较A型的咖啡浓，香气也相当丰富。另一方面，要注意容易出现酸味与涩味，特别是涩味会变得强烈
中度	◎	味道与香气获得最大的发挥，豆子也充分膨胀，使表面出现皱褶，卖相佳。酸味与苦味相当平衡
中深度	○	味道稍嫌贫乏，但仍旧比A型的中深度烘焙丰富。味道的浓度与风味易操控，可用来调整综合咖啡的味道
深度	△	焦味强烈，整体味道缺乏深度。没有特色的平淡味道，因而被用来当做学习深度烘焙的入门咖啡（例：巴哈咖啡馆就将印度APA当做深度烘焙入门咖啡）

表深绿的豆子，就能知道它的含水量高，烘焙时火力要小，在第一次爆裂前让它慢慢蒸焙（去除水分）。或者说，刚采收的深绿色咖啡豆要用双重烘焙（参照第4章）调整它的性质。原本一盘豆子经过一次烘焙味道就会变得过重了。

这样的分类方式还有另外一个好处，就是易于找到代替品。譬如作为综合咖啡的巴拿马SHB突然缺货时，可以用同类型的多米尼加咖啡代替。若是连烘焙度都相同，就能够制作出同样味道与香气的咖啡了。也就是由此产生了“咖啡的味道取决于烘焙度而非产地名称”的法则。

■A~D型的特征

A~D型的特征如下所示：

●A型

含水量少，整体呈现白色，成熟度高，豆子颗粒大小混杂，豆形扁平且肉质薄是其特征。豆子表面较无凹凸，具有平滑的触感；大多是低地或者是中高地生产，酸味弱，香气也少。因此即使用浅度烘焙～中度烘焙，酸味也不会特别突显。肉质薄，故透热性佳，能够充分膨胀，因此外观较美，相当受欢迎。再加上成熟度高，透热性佳，因而不易烘焙不均。不过若是采用深度烘焙，就会像没气泡的啤酒，平淡无味。注意烘焙度不要超过浅度～中度阶段。

●B型

可以随意使用的类型，兼有一些A型与C型的特性，可以采用浅度烘焙～中度烘焙、中深度烘焙等多种烘焙度。外观看来稍微有点干枯，表面有些凹凸不平。像摩卡・玛塔利一样，成熟度、含水量、

表10　C型咖啡豆的烘焙度与味道倾向　◎：非常适合　○：适合　△：尚可　×：不适合

烘焙度	适合・不适合	味道倾向
浅度	△	涩味强烈，有草莓味。豆子表面会出现黑色的褶皱，褶皱不会消失，而会变成凹凸不平的黑色豆子。咖啡萃取液也给人黑漆漆的印象。烘焙不易控制
中度	○	会出现稍微浓厚的味道与香气，酸味偏强，烘焙失败时会出现涩味
中深度	◎	此烘焙度最容易烘焙也最容易调理，即使烘焙时心不在焉，也能制作出酸味、苦味平衡的咖啡
深度	○	比起B型豆的深度烘焙，味道较丰富，可以深感其醇厚度。加入深度烘焙的D型综合咖啡中，能够抑制其浓度与强度，适合用于调整味道上

●C型的特征

多产自中高地，豆子质厚，表面凹凸少，用途广，可与B型、D型互换使用。C型要使用“第二次爆裂”的中深度烘焙，方可将其口味与香气发挥到极致。瑕疵豆的味道会因为烘焙而突显，故采购与品质管理时要特别注意。

豆子大小等数值不均，要小心不要烘焙过久，以免造成烘焙不均的情况。多属低地、中高地生产，透热性不及A型佳，浅度烘焙会造成涩味产生，要注意。

●C型

多为中高地出产的咖啡豆，肉质相对较厚，表面凹凸少，呈现浅绿色，味道与香气丰富，特别是香气质优，能够让人充分地体会咖啡的魅力。咖啡世界中最深奥的中深度烘焙能够让它更加美味。尼加拉瓜、墨西哥、巴西等综合咖啡不可缺少的咖啡豆皆属此类，用途很广，还能够替代B型与D型咖啡豆。一般新豆都会有刺激味，但C型咖啡豆的新豆不常有这种状况。它的特点是表面稍微有点干枯。

●D型

高地产的大颗粒硬豆。肉质厚，含水量也多，故透热性差，烘焙不易。豆子表面凹凸不平，呈现深绿色，浅度烘焙～中度烘焙无法充分发挥它的味道，适合中深度以上的烘焙度。纽约的咖啡期货交易所将它视为与哥伦比亚清新明亮型咖啡同等级的上等品。经过深度烘焙后味道仍然浓厚，拥有A型与B型咖啡所没有的多层次味道。法式烘焙会使它味道变得单调，但仍具相当的浓郁感。肉质肥厚，烘焙时容易造成“芯”，会使香气受到抑制。

■A～D型的烘焙度

A～D每个类型的豆子都有能够发挥自己最佳味道的烘焙度。古巴咖啡豆最适合肉桂～中等（Medium）烘焙；酸味强的肯尼亚咖啡豆最适合法式～意式烘焙。各类型适合的烘焙度整理在表8至表11中，表中以记号标示适合的烘焙度。

●D型的特征

高地出产的大颗粒、肉质肥厚品种，肉质硬且表面凹凸不平，透热性差，适合中深度～深度烘焙，适合喜欢烟熏味道的食客。深度烘焙会使口味变得单调，含水量少才能享受浓厚的味道。

表11　D型咖啡豆的烘焙度与味道倾向　◎：非常适合　○：适合　△：尚可　×：不适合

烘焙度	适合・不适合	味道倾向
浅度	×	味道特别突出，会变成满是酸味的咖啡。有青霉味、强烈的涩味，烘焙度的控制相当困难。豆子表面覆盖一层黑色褶皱，不易膨胀，属于事倍功半的烘焙度，因而不考虑使用
中度	△	稍微有点涩味，味道控制困难，没有浅度烘焙那么糟，但是制作出的咖啡味道接近浅度烘焙
中深度	○	味道与香气的丰富性都被释放出来，甚至令人感到太过丰富了。要说它到底是不是适合D型的烘焙度，可以说它的适合度是接近深度的
深度	◎	此烘焙度能制造出适合的味道，味道与香气的平衡绝佳，苦味没有特别被突显，且它的苦味不只是苦味，而是有深度的苦味

这里必须注意，A型豆虽然不适合深度烘焙，但并不代表不能用深度烘焙。

例如印度APA虽然属于B型，但如果将它以意式烘焙处理，酸味本来就不明显的咖啡豆，透过深度烘焙后仍能具有平衡的风味，非常顺口。因为它没有特别抢眼的特性，因而不习惯深度烘焙咖啡的客户也能接受。可用来作为学习深度烘焙的入门种类。

属A型的秘鲁EX也有同样情况，能够让它得以发挥的烘焙度就是中深度烘焙的城市烘焙～深城市烘焙。味道平衡度佳，喝起来顺口，也是适合初学者入门使用的种类。同样适合当做综合咖啡使用。

巴哈咖啡馆的深度烘焙综合咖啡——意式调和，就是用巴西、肯尼亚和印度咖啡豆混合而成。根据类型顺序，就是“C+D+B”。

照一般公式来说，深度烘焙应该是C型与D型咖啡豆的组合才是，但在这里我特别用B型豆来作底味。因为光是使用C型与D型豆的组合，咖啡的味道会过浓，加入清淡的深度烘焙B型豆，可以中和整体味道。这就是所谓的逆向操作。

上述方式除了能将每种咖啡的味道发挥到极致外，还有其他功用，也就是说，“不适合”这个评价只是烘焙上的标准，不能概括全部。

“白色型的A型豆大多不适合深度烘焙，深色型的D型豆不适合浅度烘焙”，这个说法是接触烘焙数十年来的经验，可以将它视为一个标准。

表12显示的是不同类型的咖啡豆适合的烘焙度。最简单的方式就是，根据“◎”所在的位置调制咖啡，就能将咖啡味道发挥出来，得到最佳成品。各位读者可以活用本书所提到的方式。

■谈谈由研磨到萃取

了解各类型的生豆与烘焙度间的关系后，“系统咖啡学”就大致掌握八成了。“系统咖啡学”的想法是来自“将咖啡由生豆到萃取的过程视为一个系统，不同的条件会影响这个系统中存在的每个步骤，因而产生不同的味道”。

咖啡的味道大多取决于烘焙度，这点我已经再三强调，但研磨的粗细也会影响咖啡的味道。咖啡粉的研磨与味道的关系这点我在第5章再进行详述，这里先根据表13的基本法则跟大家说明。

1. “精细研磨则口感浓厚，苦味强；粗放研磨则口感清爽，苦味较弱”。

研磨度愈细，咖啡粉的表面积愈大，被萃取出的成分愈多；溶在咖啡液中的成分愈多，浓度愈高，咖啡也就愈苦。研磨度愈粗则相反，浓度愈低，苦味愈弱，取而代之酸味愈强。这里只要记住“研磨”与咖啡味道有很大的关系即可。

还有要记住的是“咖啡粉的分量”、注入的“水温”与“萃取量”对味道造成的微妙变化。它的法则如下：

2. “咖啡粉量愈多，苦味愈强（意即酸味愈弱）；粉量愈少，则酸味愈强（意即苦味愈弱）”。

3. “水温愈高，则苦味愈强（意即酸味愈弱）；水温愈低，则酸味愈强（意即苦味愈弱）”。

4. “萃取的咖啡液愈多，则酸味愈强（意即苦味愈弱）；萃取的咖啡液愈少，则苦味愈强（意即酸味愈弱）”。

表12　四种类型咖啡豆的烘焙度对照表

烘焙度＼类型	D	C	B	A
浅度烘焙	×	△	○	◎
中度烘焙	△	○	◎	○
中深度烘焙	○	◎	○	△
深度烘焙	◎	○	△	×

※照表格中的橘色标识调制咖啡，就能煮出美味的咖啡。

表13　咖啡的味道与萃取条件

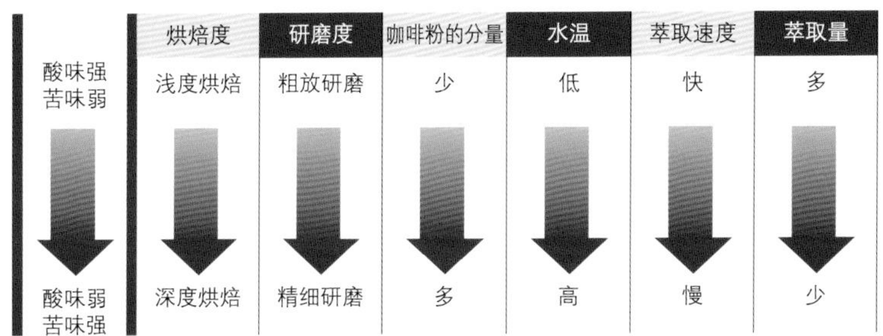

	烘焙度	研磨度	咖啡粉的分量	水温	萃取速度	萃取量
酸味强 苦味弱	浅度烘焙	粗放研磨	少	低	快	多
↓	↓	↓	↓	↓	↓	↓
酸味弱 苦味强	深度烘焙	精细研磨	多	高	慢	少

善用这些法则，就能知道烘焙停止的时间若迟了几秒，咖啡就会变苦多少。而且为了找出让味道平衡的方式，采用“粗放研磨—粉量少—低温萃取—快速萃取—萃取咖啡液多”，得到的结果是原本突出的苦味被抑制，味道变得平均。由此可知，光是粗放研磨就能对味道有多大的影响。

相对于烘焙度对味道压倒性的影响，1~4的法则只是微调罢了。但若能活用此法则，它不单能够微调味道，还能预测出咖啡在最后阶段倒入杯中之时会出现什么样的香味。将咖啡的制作流程系统化的原因也在于此。

●谈谈代用咖啡

咖啡是由咖啡的果实制作出来的饮料。也有咖啡不是用咖啡豆制作出来的（它也可以称作“咖啡”吗？），最常看到的就是“蒲公英咖啡”，它是用蒲公英的根部干燥后制成的健康饮料。还有一种是“黑豆咖啡”，是黑豆烘焙后制成的咖啡，对治疗肩膀僵硬以及寒证很有效。

这些疑似咖啡的饮品从前被称为“代用咖啡”（或叫“规格咖啡”），它们大多出现在战争时期。由于原料进口的困难，才出现各种代用咖啡。

当时有各式各样的代用咖啡，从大豆的豆渣，到百合的根、橡实、葡萄的种子、向日葵的种子等，皆被用来制成代用咖啡。最有趣的是用橘子皮做成的陈皮等。将这些东西烘焙来饮用，可以看得出当时人们对咖啡的执著。不过现在已经没有人记得当时这些代用咖啡的味道了。

3 四大类型咖啡豆与烘焙度

D型的哥伦比亚咖啡豆不适合浅度烘焙，A型的巴拿马不适合深度烘焙，每种咖啡豆都有适合它的烘焙度。咖啡的味道并非决定于产地，而是取决于烘焙度。

不同类型豆子的烘焙标准

（也可参照第55页的表格）

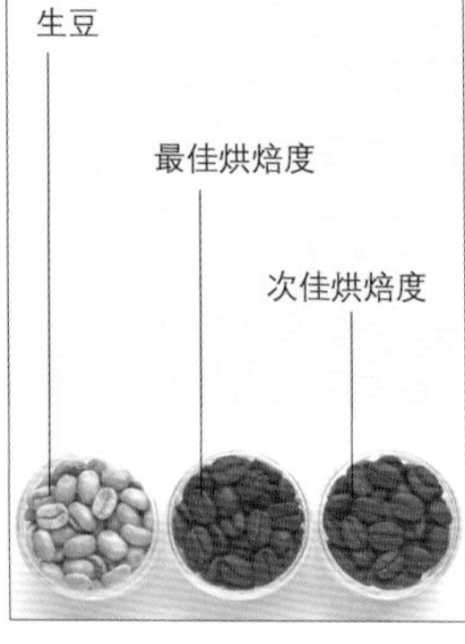

许多咖啡产品为了方便起见，都以产地名称称呼，但就像我再三强调的，产地名称只是分类上的方便，重要的是："这是能呈现什么样味道的咖啡呢？"而这得依靠正确适合的烘焙度才能得知。

以下列出的是巴哈咖啡馆所使用的所有咖啡豆，照着A~D型的顺序为大家一一介绍它们的味道特征与适合的烘焙度。

●巴拿马SHB（A型）

具有很好的香气，味道方面亦属上等。香气也有所谓的上等、下等，而巴拿马咖啡豆属上等。味道平衡度佳，有些微酸，成熟度高且豆子品质均一。豆子肉薄，故透热性佳，不易产生烘焙不均匀的情况。味道纯度高，豆子没有大小不一的状态故没有杂味。大致上属于容易调理的种类，采用中等烘焙（Medium Roast）～高度烘焙（High Roast）的烘焙度最佳。采用中深度烘焙～深度烘焙的话，可以用来调整深度烘焙综合咖啡的味道。豆子的颜色变化与膨胀度宛若教科书一样"规范"，适合烘焙练习使用。

●多米尼加·芭拉侯那（Barahona）（A型）

"芭拉侯那"是生产良质咖啡豆的多米尼加南部的一个产地名。豆子属大型豆，成熟度高，水分含量均衡。味道的平衡度佳，口感温和顺口。酸味没有巴拿马咖啡豆高，但具有醇厚度。很难买到纯粹的生豆。或许是因为市场流通量少的关系，流通的豆子常是干枯状。烘焙时味道不会有太大的变化，所以适合用来稳定综合咖啡的味道。虽然每种烘焙度皆不错，但比较起来还是中等～高度烘焙最适合。

●越南·阿拉比卡（A型）

一提到越南，就想到它是目前仅次于巴西的第二大咖啡生产国，近十年的发展相当显著。大多数咖啡为罗布斯塔种，只需要印度尼西亚罗布斯塔种的半价就能够买到。最近也开始致力于水洗式阿拉比卡种的栽培，具有与南美洲咖啡不同的风味。价格上或许是有手续费的关系，稍微偏高。豆子大小属中型，肉质厚薄亦属中间，缺乏丰富的味道与风味，但口感温和滑顺，味道清爽。在尼加拉瓜与巴拿马属于劣级品。味道平淡单调，适合用于调整综合咖啡的味道。适合中等～高度烘焙。

●哥伦比亚·马拉戈吉佩（A型）

马拉戈吉佩是19号筛网以上的大颗粒豆子，也被称作"象豆"，栽种于巴西、哥伦比亚、危地马拉、尼加拉瓜、墨西哥等国部分地区，被视为较上等的豆子。味道大致上单调平淡，但哥伦比亚的马拉戈吉佩的味道却相当有厚度，酸味不强且少杂味，或许味道单调就是因为没有杂味的关系吧！最适合高度～城市烘焙的中度烘焙。

●秘鲁EX（A型）

属于颗粒较大的豆子，尺寸有大小不均状况，具有丰富的酸味与绝佳的醇厚度，整体味道深厚滑顺。缺乏鲜明的特色是它的特征，被视为重要的初级咖啡。虽属A型，但浅度烘焙却无法让它的味道得以充分发挥，反倒是法式烘焙能够让它拥有令人惊讶的绝佳平衡美味，属于例外品种。

味道容易让人留下印象，故被当做深度烘焙咖啡的指标味道。例如说某个咖啡豆要深度烘焙时，"采用法式烘焙！"得到这样的指示，只要具体说明："比秘鲁苦一点"，"啊，那个味道啊"，大家马上就有共同的了解。像这样，重新在大家脑中建立每种烘焙度的基准咖啡味道，并具体说明"这个咖啡味道缺乏什么，具有什么"就能制作出味道稳定的咖啡。我对其他烘焙度的味道基准设定是：浅度烘焙是古巴水晶山；中度烘焙是巴西水洗式；中深度烘焙是哥伦比亚特选级（Supremo）。

●巴西·自然干燥式（A型）

最近巴西也开始推出部分水洗式咖啡，但主要还是属于自然干燥式咖啡。良质巴西咖啡成熟度与含水量平均，相当容易烘焙，但这样的良质品算少数，巴西咖啡主要还是干燥不均者多。豆子肉薄颗粒小，含水量少，故透热性佳。一般都是偏苦味，但若是树龄较轻，咖啡会散发优质的酸味。香气与味道特色会胜过水洗式咖啡。在市场趋势倾向品质均一的精品咖啡的今天，巴西的自然干燥法正在逐渐减少中。深度烘焙最能够发挥其最佳风味。

●巴西·半水洗式（A型）

此咖啡产自灌溉发达的席拉多地区。半水洗式的特征是无发酵槽浸渍步骤，是自然干燥法与水洗

●A型五种类

巴拿马SHB

多米尼加·芭拉侯那

越南·阿拉比卡

哥伦比亚·马拉戈吉佩

秘鲁EX

●A型三种类

巴西・自然干燥式

巴西・半水洗式

摩卡・山那尼（San'ani）

式精制法的折中型。瑕疵豆较自然干燥法少，且富含酸味。浅度烘焙会产生青草味，而中深度烘焙则会引出苦味，因此适用中等～城市烘焙的中度烘焙。类似巧克力味的苦味使它适合用于Espresso咖啡。过筛过程相当讲究，因此颗粒大小平均，容易烘焙。

●摩卡・山那尼（San'ani) (A型）

摩卡并没有明确归属于哪个等级，因此经常直接加上产地名称来命名。譬如知名的摩卡・玛塔利就是以也门的摩卡出口港命名，而这里的山那尼也是产地名，属于南北统一前的南也门咖啡。山那尼比玛塔利低一等，但具有充分的摩卡咖啡大小以及含水量不均的特色。不论是山那尼或者玛塔利皆采用自然干燥法。自然干燥法的豆子浓度高，具有鲜明的颜色，美中不足的就是瑕疵豆与杂质过多，还有强烈的发酵味。采用中度烘焙最适合，法式烘焙也别具特色。

●高山圆豆（B型）

产自牙买加岛中部海拔500~1000米地带，豆子颗粒小且呈圆形，使用10~13号筛网，小于这个尺寸的豆子混入几率为4%。圆豆主要长在咖啡树枝的尖端，通常一棵咖啡树能够采收一成左右的圆豆。因为数量稀少，价格昂贵，再加上其透热性佳，具有独特香气，因而爱好者众多。圆豆的美味之处在于比平豆顺口，且透热性良好，品质均一因而烘焙容易。

●津巴布韦AA（B型）

波旁系的豆子，属于沉稳风味。颗粒大且成熟度高，外观佳。味道温和，主要输出西欧与北欧地区。津巴布韦共和国位于海拔1500米的高原，生产的咖啡口感柔和滑顺，富含香气；品质不一的情况少，适合中深度烘焙；稍有酸味，少杂味；膨胀容易，适合手网烘焙，透热性佳。虽然知名度还不高，但具有高品质与鲜明的味道特色。

●印度APA（B型）

为印度独有的肯特种，APA是印度产的阿拉比卡种庄园A级品（Arabica Plantation A grade），表示顶级产品。豆形长且左右宽；酸味较弱，苦味偏强；大致属于容易烘焙的品种，但品质不均的情况严重，因而烘焙难度也相对提高。原本适合中度烘焙，不过采用深度烘焙也不会破坏味道的平衡，因此采用深度烘焙也有别样的乐趣。与肯尼亚咖啡搭配相当适合，我常用来调配深度烘焙的综合咖啡（巴西2+肯尼亚1+印度1）。

●乌干达AA（B型）

乌干达属于非洲内陆国家，临靠非洲最大湖——维多利亚湖。国土位于平均海拔1000米以上的高地，主要生产罗布斯塔种咖啡，但东部高地上则栽种风味多变的阿拉比卡种。豆子颗粒大且扁平，含水量少，成熟度高，肉质柔软，深度烘焙后苦味会凸显出来，味道平板，适合中度～中深度烘焙。与巴西、印度属同类型。酸味偏弱，但要注意，酸味弱的咖啡豆容易产生涩味，必须小心烘焙。

●古巴·水晶山（B型）

古巴评比等级是采用筛网（豆子颗粒大小）与扣分法，水晶山是筛网18/19（表19号筛网中混有11%以上的18号筛网咖啡豆）、扣分4分以下的最高级品。颗粒大且成熟度高，酸味与苦味间的平衡度佳，味道与香气皆平顺，但另一方面也意味着它的味道没有特色，给人平淡的印象。为“加勒比海系”咖啡豆代表，适合烘焙初学者使用。最佳烘焙度为浅度的肉桂烘焙～中等烘焙。

●咖幼山脉（Gayo Mountain）（B型）

产自印度尼西亚苏门答腊岛北部咖幼山脉的水洗式咖啡。以手摘法收成的豆子颗粒大，精制度高，

●B型五种类

高山圆豆

津巴布韦AA

印度APA

乌干达AA

古巴·水晶山

●B型三种类

咖幼山脉

尼加拉瓜SHG

摩卡・玛塔利NO.9

拥有绝佳的酸味，不管浅度烘焙还是深度烘焙，味道的平衡度均佳，容易烘焙成功。采用中度烘焙的中等～高度烘焙，能够发挥出它本身最佳的风味。

●尼加拉瓜SHG（B型）

给人的印象不及危地马拉重，又不似萨尔瓦多轻。成熟度高，透热性佳。SHG是在海拔1500~2000米高地采收的顶级品。豆子属中型大小，肉厚度也属中等，精制不易，但是易于用来调制咖啡，主要品种为卡杜拉。采收完全成熟的红色果实。欧美各国对它都给予了很高的评价，可用来代替危地马拉、哥斯达黎加咖啡。美国是最大的进口国，其中又以星巴克（Starbucks Coffee）为其经常采购者。适合中度烘焙。

●摩卡・玛塔利NO.9（B型）

也门所产的摩卡咖啡中，以玛塔利产地所栽培的摩卡・玛塔利为最高级。独特的酸味与醇厚度，让它拥有“咖啡贵妇人”的封号。受限于需要精心培育和施肥不足，因而生产量低，又因采用石臼去壳，混入破裂豆的比例很高，豆子颗粒小且尺寸不一。不一致的不光是尺寸，豆子的干燥状态也不平均。什么叫干燥不平均？只要想象生豆与老豆混杂在一起的样子便可知道。

另外还有专门销售瑕疵豆的商店，死豆、发酵豆、发霉豆、黑豆，全部都有。摩卡的咖啡迷数量远胜于其他品种咖啡，为单品咖啡中人气第一的品种，但它的高价却让烘焙爱好者望而却步。既然它被视为上等咖啡，那么手选步骤就省不得了，从这里就可以看出各自家烘焙咖啡店的实力。顺带一提，NO.9表示最高等级。最佳烘焙度是高度～深城市烘焙。

●蓝山NO.1（C型）

这是牙买加出产的咖啡中最高级的品种。颗粒大，拥有极品香气；精制度高，几乎少有瑕疵豆；酸味与苦味的平衡感极佳，拥有普通大众都能接受的口味。可惜的是一般多采用浅度烘焙，无法发挥蓝山最佳的味道。

从前有一种“愈好的咖啡愈采用浅度烘焙”的说法，我想理由有二，一是深度烘焙容易失败，二是深度烘焙会使死豆变白而特别明显。浅度烘焙不会凸显死豆，还会让豆子表面覆上漂亮的烘焙色，也可说这是适合死豆的烘焙度。

建议使用蓝山时，别太强调它的酸味与苦味，烘焙度采用中度烘焙的高度～城市烘焙最佳。这个范围的烘焙度能散发最佳香气，烘焙度过深会使蓝山走味。

●布隆迪（C型）

产自非洲中央高地、坦桑尼亚、刚果、卢旺达所包夹的高原。当地咖啡出口占外汇收入的90%，因而对支撑国家的咖啡栽培相当用心。土壤肥沃，产出可与蓝山匹敌的优良咖啡豆。几乎无瑕疵豆，尺寸与含水量也相当平均，成熟度高，烘焙过后，豆面一致呈现相当漂亮的烘焙色，口味上充满野性，残留着强烈的味道与香气，与现在市面上大多数优质且温和口味的咖啡皆不相同。布隆迪的味道接近埃塞俄比亚的水洗式上等咖啡，在欧美享有很高的评价。

●哥斯达黎加SHB（C型）

咖啡主要产地在内陆高地，被视为最高等级的SHB生长在海拔1200~1700米的高地。类似危地马拉咖啡，具有极佳的醇厚度与香气，不过以香气的丰富度与甘甜味来说，都略逊于危地马拉一筹。精制度高，品质平均。味道稳定度高，不只适用于单品咖啡，也适合用作综合咖啡。与墨西哥咖啡相同，本身的味道不会左右其他咖啡，正好用来调和综合咖啡的味道。

但是随意烘焙会使味道改变。因为它属于高地产的硬豆，要注意用小锅烘焙时会产生“芯”。可采用中度烘焙～中深度～深度烘焙，最佳烘焙度为中度烘焙。

●曼特宁・G1特选（C型）

豆子颗粒大，富含独特的醇厚

●C型五种类

蓝山NO.1

布隆迪

哥斯达黎加SHB

曼特宁・G1特选

尼加拉瓜・马拉戈吉佩

●C型四种类

埃塞俄比亚·水洗式

墨西哥SHG

厄瓜多尔SHG

巴西·水洗式

度与香气，肉质不算厚，属于软豆类，但含水量与尺寸大小不一，瑕疵豆过多，容易造成烘焙不均。指责曼特宁味道不佳的人，多数认为它的瑕疵豆过多。与摩卡一样，通过彻底的手选，能让它散发出最棒的味道与香气。酸味与苦味相当平衡，少杂味。烘焙时的颜色变化最为独特，需要花点时间适应。最佳烘焙度为深城市～法式烘焙。

●尼加拉瓜·马拉戈吉佩（C型）

与哥伦比亚的马拉戈吉佩相比，透热性更佳，烘焙更容易。属于大型豆，烘焙时能够充分膨胀，但味道与香气上略逊于哥伦比亚的马拉戈吉佩，味道没有办法被完美表现出来，这或许是低地咖啡的通病。欧美国家对于哥伦比亚清新明亮型咖啡等高地硬豆咖啡给予很高的评价，是因为它们的咖啡液浓度高且能够萃取的量多。可悲的是，这是低地咖啡做不到的。最佳烘焙度为中度烘焙的高度～城市烘焙。

●埃塞俄比亚·水洗式（C型）

为西达摩（Sidamo）地方的水洗式咖啡豆，主要提供给欧洲市场，属于高级品。具有独特的香味与深厚的醇度，气候、土壤、栽培方式等皆与也门咖啡相似，故过去称为“摩卡哈拉（圆粒的哈拉豆）”，被视为玛塔利的“孪生兄弟”。品质不一的情况少，是相当高级的咖啡，深度烘焙的法式～意式烘焙能够让它发挥出最佳风味。

●墨西哥SHG（C型）

收成自海拔1700米以上高地的上等品，酸味与苦味间的平衡佳，散发着优雅高级的香味。与一般高地生产的咖啡不同，它相当容易烘焙。豆子尺寸中等，豆子厚度也属中间，少有未成熟豆混入，成熟度高。不具强烈特色，故适合用来平衡综合咖啡的味道。生产量稳定，价格也较低。适合中度烘焙的高度城市烘焙。

●厄瓜多尔SHG（C型）

阿拉比卡种栽种在厄瓜多尔南部海拔1500米的高地上，为安第斯山脉的招牌商品。豆子颗粒大，延展性佳。采收完全成熟的豆子，经过水洗、日晒、保存、脱壳一连串管理完善的流程，颗粒大小平均，卖相佳。可惜味道偏淡且少有香气，属于单调平淡的咖啡，故销量不佳。属于南美洲产区，与古巴、多米尼加咖啡类似，也可与之互为代用。味道上没有特别突出的地方，适合用于综合咖啡。最佳烘焙度为中度烘焙。

●巴西・水洗式（C型）

兼具巴西自然干燥咖啡与水洗式咖啡的优点，虽然自然干燥咖啡的爱好者敬而远之，但其优质的酸味、稳定的品质，很容易烘焙萃取。巴西的自然干燥咖啡当然也有优点，但是品质不均的状况太多，影响咖啡的烘焙萃取。涩味相当强烈，烘焙度愈深，苦味愈强，因此从古至今巴西自然干燥咖啡皆被归为苦味咖啡。过去多被用来压抑综合咖啡的酸味。巴西水洗式咖啡的主要市场为欧洲。我对它采用由浅到深4种烘焙度。

●哥伦比亚・特选级（Supremo）（D型）

豆子呈现深绿色，颗粒大，果肉厚；出口的生豆几乎都是新豆，酸味强烈且质硬；含水量多这点又令烘焙者头疼。但若是豆子没有好好烘焙，制作综合咖啡会相当辛苦，因为它是用来稳定综合咖啡口味不可或缺的角色。被称为哥伦比亚清新明亮型咖啡（再加上肯尼亚、坦桑尼亚）属于高价咖啡。

●D型五种类

哥伦比亚・特选级（Supremo）

新几内亚AA

坦桑尼亚AA

危地马拉・科本（Coban）

肯尼亚AA

●D型四种类

巴拿马·博克特

夏威夷·可那NO.1

危地马拉SHB

对于烘焙初学者而言，是难以应付的对手，必须具有相当熟练的烘焙技术才能应付。若采用中度烘焙，豆子无法充分膨胀，会使得表面覆满黑色细纹；豆子油脂多，因而深度烘焙时会产生烟与各种挥发成分；而浅度烘焙的话，会产生强烈的涩味与酸味，变成重口味咖啡，令人头疼。不过，若是采用中深度烘焙，能够充分感受到其丰富的醇厚度与香气。特选级指的是17号以上筛网的大颗粒豆子。

●新几内亚AA（D型）

这种豆子上市之初，因为味道成分过多而被视为充满野性的咖啡。会产生这样的味道是因为咖啡树仍是新树，或者品种突变的关系。现在这种豆子的味道就像野马被驯服，已经趋于稳定。味道平衡度佳，瑕疵豆少，容易烘焙萃取，唯一的缺点就是味道特色不显著，口味与香气表现平平，不过，没有明显味道特色这点或许就是它的特色吧！最佳烘焙度为中深度烘焙的城市～深城市烘焙。

●坦桑尼亚AA（D型）

过去称其为“乞力马扎罗”，咖啡庄园位于坦桑尼亚与肯尼亚国境附近的乞力马扎罗山的斜坡上。富含丰富酸味。AA是最高级的标示，与哥伦比亚、肯尼亚同列高级咖啡，酸味、醇厚度、香气皆属优质，采用中深度以上的烘焙度可以引出浓厚的香气。浓度高，适合冰咖啡使用。

●危地马拉·科本（Coban）（D型）

科本为其产地名称。一讲到危地马拉，就会想到酸味咖啡，但是科本的酸味偏弱，烘焙到中度左右即停止。危地马拉咖啡被评为美味，理由之一是不论以何种方式处理它，味道的基调都不会改变。一般的D型咖啡容易受到萃取温度的影响，水温过高，咖啡的成分会溶出过快，水温过低又无法得到咖啡精华，影响甚大。但是危地马拉不会有这种情况，味道不会因为处理方式而有过大的变化。

●肯尼亚AA（D型）

豆子圆，果肉厚，透热性极佳，精制度高，干燥不均的情况几乎没有。味道浓厚甘甜，不易烘焙不均。在欧洲属第一级咖啡。品质稳定性优于坦桑尼亚，具醇厚度、膨胀性亦佳。香气与甘美度皆属上乘。因为咖啡豆果肉厚实，火力过强则恐怕会产生“芯”，最适合深度烘焙的法式～意式烘焙。

●巴拿马·博克特（Boquete）（D型）

青绿色的生豆。巴拿马SHB属A型，而博克特因为是水分含量多的生豆，故归类为D型。豆质属软豆，故透热性佳，无须担心烘焙不均。价格较低，但香气与味道皆属上乘，算是物超所值的咖啡。深度烘焙会使味道变得单调，中度烘焙即可。

●夏威夷·可那NO.1（D型）

夏威夷·可那与蓝山并列，为高级咖啡的代名词。其优异之处在于生长状态佳，精制度高，几乎没有瑕疵豆。烘焙过后的豆子外表相当整齐漂亮，拥有绝佳的醇厚感与酸味。因油脂较多的关系，使它的口感相当滑顺，只要一口就能充分感受它的美味，甚至可以超越蓝山。深度烘焙也不会走味，最佳烘焙度为中等～城市烘焙。

●危地马拉SHB（D型）

SHB是在海拔1350米以上的高地收成的硬豆，豆子属于最高级，具有丰富的酸味与香气，也适用于综合咖啡。没有哥伦比亚那样的重苦味，风味与甘美度优于哥伦比亚，排在美味咖啡排行榜的前几位。中度烘焙～中深度烘焙最能发挥它的美味。

表14　各种类型的咖啡豆与烘焙度

■较佳　●最佳

生豆	类型	水分%	轻度烘焙 1	肉桂烘焙 2	中等烘焙 3	高度烘焙 4	城市烘焙 5	深城市烘焙 6	法式烘焙 7	意式烘焙 8
巴拿马SHB	A	9.8				■●				
多米尼加·芭拉侯那	A	10.1			●	■				
越南·阿拉比卡	A	10.5			■	●				
哥伦比亚·马拉戈吉佩	A	9.3				■●				
秘鲁EX	A	10.7					■		●	
巴西·自然干燥式	A	11.4				●			■	
巴西·半水洗式	A	11.1				■	●			
摩卡·山那尼	A	10.9				●			■	
高山圆豆	B	10.9			●	■				
津巴布韦AA	B	9.3				■●				
印度APA	B	11.5					■			●
乌干达AA	B	11.4					■●			
古巴·水晶山	B	11.8			■●					
咖幼山脉	B	11.4				■●				
尼加拉瓜SHG	B	11.4				■●				
摩卡·玛塔利NO.9	B	10.6				●			■	
蓝山NO.1	C	11.3				●	■			
布隆迪	C	11.1						■	●	
哥斯达黎加SHB	C	11.4				●	■			
曼特宁·G1特选	C	11.3						●	■	
尼加拉瓜·马拉戈吉佩	C	12.9				■●				
埃塞俄比亚·水洗式	C	11.0							●■	
墨西哥SHG	C	13.6				●	■			
厄瓜多尔SHG	C	12.5				●	■			
巴西·水洗式	C	11.5				●			■	
哥伦比亚·特选级	D	11.7					■●			
新几内亚AA	D	11.9						●■		
坦桑尼亚AA	D	11.1				■	●			
危地马拉·科本	D	11.4					■	●		
肯尼亚AA	D	11.7								●■
巴拿马·博克特	D	11.3				●■				
夏威夷·可那NO.1	D	11.6				■	●			
危地马拉SHB	D	10.5					■●			

第3章 咖啡豆的烘焙

咖啡的味道除了生豆与生俱来的品质外，大多取决于烘焙。不正确的烘焙技术对味道造成的损害，是再棒的研磨与萃取技术都无法补救的。

摩卡虽被归类为酸味咖啡，只要烘焙得再久一点，就成为苦味咖啡。这意味着咖啡的味道并非来自于产地名称，而是取决于咖啡的烘焙程度。

■烘焙决定咖啡的味道

决定咖啡味道的因素，八成是来自咖啡生豆，另外两成则是取决于烘焙。令人吃惊吗？因为我们所能触及的层面，顶多也只是烘焙这个步骤而已，咖啡豆送到商店之前的生豆制作等过程我们是完全接触不到的。

当然，有些人用所谓“生产追踪管理系统”的方式与咖啡庄园建立深厚关系，以便独家获得那些知名产地的优质生咖啡豆。但那些也只是极少数的例子，一般而言咖啡店里的咖啡味道还是在烘焙阶段才决定的。味道的好坏全凭烘焙技巧的优劣。

烘焙咖啡豆的目的不单是为了将咖啡豆煎焦，还要借各种不同的烘焙程度，让生豆发挥其最大特性，让它呈现品质最佳的状态。因此对生咖啡豆必须有所了解，且具有“慧眼识英雄”的独到眼光才行。

以往我们都将产地名称与咖啡味道画上等号，这种想法实在该好好反省一下。举例来说，一听到摩卡，就认为它是酸味咖啡；哥伦比亚等于甘美醇厚；曼特宁就是强烈苦味的代名词。这种依据咖啡豆产地断定味道的分类法竟然被广为流传，还延伸出“咖啡豆比例法”——想要偏酸的咖啡口味，可以“50%摩卡+30%哥伦比亚+20%巴西”的比例混合咖啡豆；想要在酸味上多一点点苦味，那就用“30%巴西+30%哥伦比亚+30%摩卡+10%曼特宁”。人们过于迷信这类咖啡豆比例法，把煮咖啡当做是在玩拼图。

事实上，“咖啡产地名称等于咖啡的味道”的说法只是不可信的传言，这点我已在第2章反复提醒。譬如说摩卡，虽被归类为酸味咖啡，但酸味会随着烘焙时间延长而逐渐消失，反而变成重苦味的咖啡豆。一般而言，咖啡豆烘焙的时间愈短愈酸，愈长则愈苦。我们可由此特性得知，决定咖啡酸味与苦味的是烘焙的程度，强制去定义某种咖啡是酸味咖啡、某种咖啡是苦味咖啡，一点意义也没有。

我再一次重申，决定咖啡味道的是烘焙程度，绝非咖啡豆的产地。我这么说不是在否定咖啡豆本身味道的特性，但咖啡豆绝不是天生就有某种特定味道，咖啡豆有味道的不同，是在相同条件的烘焙下，经过比较之后才得知。以哥伦比亚咖啡豆来说，若有人问道：“哥伦比亚咖啡豆是什么味道？”“就是哥伦比亚咖啡豆的味道啊!”不用说，这种说明方式肯定让人难以理解，因此之后都以烘焙度来表示咖啡的味道，譬如“深城市烘焙”（Full-city Roast）的哥伦比亚咖啡。

■引出咖啡豆风味的烘焙程度

烘焙最难之处，在于停手的最佳时间点，若没有在最佳时间点停止烘焙，则必定会影响到咖啡豆的风味。业余玩家不会在乎烘焙结果的好坏，但咖啡专家会试图一再制作出相同的味道，追求“味道重现”。

停止烘焙的最佳时机，得看烘焙师如何捕捉咖啡豆的特性。应该烘焙到什么程度不是按个人喜好去决定的。举例来说，古巴咖啡豆的豆子果肉薄，具有独特的酸味和香味，采用中等烘焙（Modium Roast）到高度烘焙（High Roast）左右的中度烘焙最能去除涩味，并制作出具有无与伦比的上等酸味与甘甜香味相结合的咖啡。但若采用法式烘焙（French Roast），味道会变得空洞，咖啡豆也就完蛋了。另一方面，果肉厚、水分含量多的肯尼亚咖啡豆采用轻度烘焙（Light Roast）或肉桂烘焙（Cinnamon Roast）等浅度烘焙，那咖啡恐怕会酸到难以入口。

不论何种咖啡豆皆可采用浅度或深度烘焙，这点单就技术层面来说并没错，但要想发挥咖啡的最佳风味，就得根据咖啡豆的种类、品性挑选适合的烘焙度了。

因此由轻度烘焙（Light Roast）到意式烘焙（Italian Roast），每个烘焙度我们都要让每种咖啡豆经历一次，并且靠自己的口鼻确认，记下每种咖啡豆在每个烘焙阶段的味道，找出最能凸显该豆子特性的最佳时间点。

我常见到有人故意将肯尼亚或哥伦比亚等果肉厚、水分多的高地咖啡豆浅度烘焙，然后抱怨："这种豆子酸味太强了!"咖啡豆也有它们适合或不适合的烘焙度，不适合的烘焙度制作出的咖啡豆想要变得美味，简直比登天还难!我在此介绍现在普遍使用的八阶段烘焙度（现在美国多依据八阶段的SCAA "Agtron"法分类烘焙度）。

表15 根据SCAA的"Agtron"法区分烘焙度

烘焙度	数据范围	颜色组值
极浅烘焙	100 95	Tile#95
浅烘焙	90 85	Tile#85
适度浅烘焙	80 75	Tile#75
微中烘焙	70 65	Tile#65
中烘焙	60 55	Tile#55
中深烘焙	50 45	Tile#45
深烘焙	40 35	Tile#35
极深烘焙	30 25	Tile#25

●焦糖化测定器（Agtron），或称"艾宠仪"，是利用红外线波长测定咖啡烘焙度的光学仪器。此仪器能判断咖啡豆内部糖分焦糖化的程度，并将之以数据化的方式呈现。此图表显示的浅度烘焙到重度烘焙范围为25~100，但根据SCAA的技术标准化委员认定，咖啡风味的可识范围实际上为30~90。

判断烘焙度的SCAA色彩盘。（http://www.scaa.org/index.cfm?f=h）

▲轻度烘焙（Light Roast）/肉桂烘焙Cinnamon Roast）/（浅度烘焙）
这种烘焙度会凸显酸味，因而最近并不受到青睐。"轻度烘焙"是咖啡豆烘焙到接近第一次爆裂期；"肉桂烘焙"是烘焙到约第一次爆裂期中期。这种烘焙度的难处，在于不只要强调酸味，还要除去涩味和皱褶，因此使用涩味的古巴、海地或者多米尼加等高成熟度、高精制度的加勒比海系咖啡豆最佳。换言之，此种烘焙度最适合果肉薄、水分少的低地咖啡豆，也可适用于成熟两年以上、干燥度正好的咖啡豆。

▲中等烘焙（Medium Roast）/高度烘焙/（High Roast）（中度烘焙）
"中等烘焙"是指咖啡豆烘焙到第一次爆裂期结束时；"高度烘焙"则是烘焙到咖啡豆出现皱褶、香味发生变化时。这种烘焙度适合水分含量少的加勒比海系咖啡豆，或者是采用自然干燥法的巴西咖啡豆。缺乏厚实味道的中低地咖啡豆，要比哥伦比亚或肯尼亚等具多层次风味的高地咖啡豆更适合这种烘焙度。此烘焙度会让咖啡豆散发出咖啡该有的味道与香气。

▲城市烘焙（City Roast）/深城市烘焙（Full-city Roast）（中深度烘焙）
此种烘焙度，让原本钟情于浅度烘焙的美国人转而喜欢上它，意大利的浓缩咖啡（Espressso）也几乎都采用这种烘焙度。不偏苦、不偏酸，这种烘焙度最能使咖啡展现出多层次的风味。"城市烘焙"是烘焙咖啡豆到第二次爆裂期为止；"深城市烘焙"则是烘焙到第二次爆裂期正好结束的阶段。适用曼特宁、夏威夷、可那等特征强烈的咖啡豆。

▲法式烘焙（French Roast）/意式烘焙（Italian Roast）（深度烘焙）
"法式烘焙"（French Roast）是使咖啡豆在黑色中仍带有一点茶色，而"意式烘焙"则是将咖啡豆烘焙到全黑的状态。苦味明显，味道单纯，有的豆子还会有烟熏味，适合果肉厚、酸味强的高地咖啡豆，譬如肯尼亚、哥伦比亚、危地马拉等。意式烘焙虽称"意式"，反观意大利的Espresso其烘焙度却愈趋浅度，最近更多采用城市烘焙或者深城市烘焙。

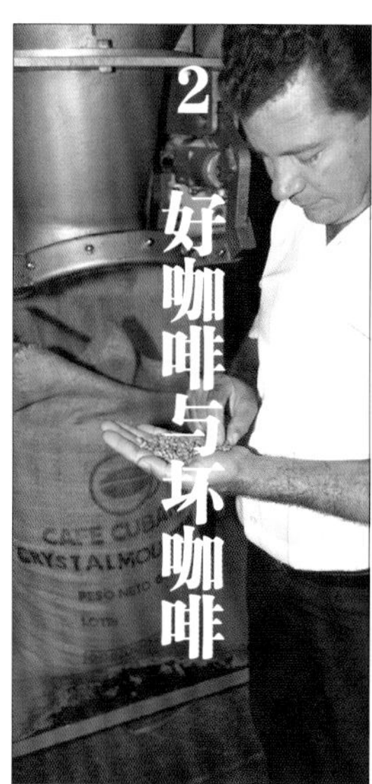

2 好咖啡与坏咖啡

咖啡的『好喝、难喝』，是个人的喜好，但咖啡的『好、坏』，就能够明确论断了。咖啡高手评断咖啡时应先论『好、坏』，再评『好喝、难喝』。

■烘焙是咖啡加工的“重点”

咖啡的味道，也就是酸味与苦味的品质与幅度、香气的强度与品质、涩味的有无、醇厚度，再加上霉味、发酵味等缺点，这些都是所谓咖啡品质的组成部分，而这些都在生豆阶段就决定了。而烘焙则是正确把握各种生豆的可能性，知道何种程度会扼杀风味、何种程度能有最佳表现，估算能够产生什么味道的咖啡，然后根据估算加工生豆。

好的生豆（左）与不好的生豆

彻底去除会破坏咖啡味道的瑕疵豆，使用品质一致的完全成熟豆。

但是不论估算再怎么精确，不论使用如何高超的烘焙技术，巴西咖啡豆都不会变成哥伦比亚咖啡豆，有发酵味的豆子都不会变成正常的豆子，就像人类的性格是来自于基因。烘焙不是万能的，仅能在生豆已经具有的特性范围内调整味道，大家说咖啡的“好喝、难喝”，是个人的喜好，但咖啡的“好、坏”，就能够明确论断了。咖啡高手评断咖啡时应先论“好、坏”，再评“好喝、难喝”。

虽如此，烘焙对于咖啡味道的影响，还是远大过研磨与萃取。研磨与萃取是将烘焙后产生的有效成分丝毫不减地移转到咖啡液里，与创造味道无关。也就是说，我们无法接触到生豆生产的过程去改变咖啡的味道，仅能依赖烘焙为咖啡加工。

我并不讨厌红茶，但若问我属咖啡迷还是红茶迷，我会毫不犹豫地回答咖啡迷。红茶对我而言吸引力不大，因为红茶是已经发酵过且比例混合好的东西，冲煮红茶的乐趣只剩下萃取及组合了。但是咖啡却不同，它还有烘焙这项能够决定味道的步骤。

我之所以特别在意“烘焙”，是因为除了烘焙以外，咖啡由生产到萃取的所有过程不可能被全程注意。烘焙就是不断反复地把豆子放入锅子里煎的动作。我们必须具有生豆的知识、相关采购的知识、研磨的知识、萃取的技术等与咖啡相关的知识。有些咖啡馆或餐厅向业者买来咖啡后，交由其他人烘焙，这样就学不到这些知识了。

■所谓的“好咖啡”、“坏咖啡”

对于不喜欢红酒的人来说，就算是高级的波尔多红酒还是“难喝”；同样的，对于不喜欢酸味咖啡的人来说，就算咖啡的酸味是上等的，还是“难喝”。“好喝、难喝”这是个人的喜好问题，很难插入客观的评价。但是，酸坏的葡萄酒与新鲜的葡萄酒相比，新鲜的葡萄酒毋庸置疑是“好”的葡萄酒。以“好、坏”来论的话，就能够有客观议论的空间。咖啡应该先讨论“好、坏”，再判断“好喝、难喝”。那么，什么样的咖啡才算“好咖啡”呢？我提出下面四个条件：

1. 无瑕疵豆的良质生豆（少有发酵豆与发霉豆等瑕疵豆的生豆，不等于高价的生豆）
2. 刚烘焙好的咖啡（咖啡的饮用有效期限，在烘焙后的两周内最佳。以豆子的方式保存，要冲煮前再研磨成粉）
3. 刚研磨好的咖啡
4. 刚冲煮好的咖啡

好的烘焙豆（左）与不好的烘焙豆

好的烘焙豆颗粒与色泽皆一致，不好的烘焙豆则有颜色不均、烘焙不均等问题。

也就是说，所谓“好咖啡”，可以定义为“优质生豆除去瑕疵豆后，适当烘焙，趁新鲜的时候正确萃取”。

我常看到，有的店家若无其事地将刚煮好的咖啡重新加温后端给客人，也常看到从业者将烘焙过的咖啡豆放置数周后才运送到各店家。从健康层面出发，可以说它是“不好的咖啡”咖啡行家们在提供“好喝”的咖啡之前，应先用心于制作“好”咖啡。“好咖啡”不一定等于“好喝的咖啡”，但“坏咖啡”毋庸置疑一定是“难喝的咖啡”。

●关于烘焙度

如果要粗略区分烘焙度，可以有以下4个阶段：1. 浅度烘焙；2. 中度烘焙；3. 中深度烘焙；4. 深度烘焙。每个阶段再细分为2个或3个阶段，则共计8~12个阶段。

我的分法是“4X3=12”模式，即12个阶段；说法上则是“浅度烘焙1、2、3”或者“上、中、下”，也就是“停止烘焙的最佳时期”，这样说比较容易理解。

“停止烘焙的最佳时间点”位于停止烘焙最佳时期的“中央”，前后各有几秒钟的缓冲时间，可以允许过度烘焙或者烘焙不足。要确认“中央”位置，必须将烘焙过程分为三等份：1、2、3或上、中、下。

烘焙度分为12个阶段只是简单分法，相当于初级课程，中高级课程必须分出24个阶段的烘焙度。

3 咖啡生豆与烘焙的关系

水分多、颗粒大、肉质厚的水洗式生豆较难烘焙，反之则容易。另外，配合咖啡原本的丰富味道而采用中深度烘焙，能够将其潜力发挥到极致。

■苦味与酸味的平衡

浅度烘焙会使酸味变强，深度烘焙会使苦味变强——这是味道依烘焙度而产生的变化，这个“基本法则”是最单纯却最重要的法则，希望大家要牢牢记住。

我总是希望能用最自然的方式烘焙咖啡，而极力驳斥“酸味强的咖啡用浅度烘焙让它不那么酸”的想法。如我开头所说，烘焙度愈浅，咖啡酸味愈强，因此酸味强的咖啡采用浅度烘焙，咖啡会酸到难以入口。

想透过烘焙技术勉强除去咖啡的酸味确实相当费心，或许对于烘焙者而言，挑战高难度会让人有成就感，但这种做法只是白费工夫。浅度烘焙只会加强咖啡酸味，若想要酸度低的咖啡，一开始就该选择酸味少的豆子。如此一来既能省下烘焙的力气，也容易制作出味道稳定的咖啡。

如果只是为了个人乐趣而烘焙还不要紧，但若是要卖给客人，就必须拿出像样的咖啡了，违逆自然、光是为了陶醉在自我满足的技术中是不行的。

费尽千辛万苦终于完成的咖啡，实际端上台面销售的话会如何呢？每个月要为数百克豆子进行难以控制的烘焙，这需要相当的毅力与力气。这个章节里面，我将谈到生豆与烘焙的关系，介绍各种咖啡适合的烘焙方式。

根据开头提到的基本法则，烘焙度愈深，苦味愈强烈，因此将酸味强的咖啡采用深度烘焙，应不难理解。所谓咖啡的醍醐味，就是苦味与酸味的平衡。不论何种咖啡豆，皆含有苦味与酸味的成分。可以将这些咖啡分为酸味重的或是苦味重的咖啡。深度烘焙适合酸味强烈的咖啡，可以降低酸味让整体味道达到平衡；而浅度烘焙则适合苦味咖啡，能够让酸味释放出来，缓和过强的苦味，让味道平衡。

■适合豆子个性的烘焙度

那么，什么咖啡会产生酸味？（即适合深度烘焙的咖啡）

酸味强的咖啡豆具有以下特征：

1. 水分含量多的豆子
2. 果肉厚实的硬豆
3. 当年采收的新豆

并非所有颗粒大的豆子都是酸味强的豆子；扁平且肉薄的豆子酸味较弱，新的豆子酸味较强，即浓绿色的新豆（New crop，当年采收的豆子）酸味强烈，干枯（即储藏多年）的豆子酸味较弱。以适合的烘焙度来看，干枯的咖啡豆适合采用浅度烘焙，新采收的咖啡豆适合深度烘焙，合理地选择烘培方式才能够让咖啡味道达到平衡，方便调整味道，如此一来，技术与时间才不会浪费。

表16 生豆与烘焙的关系

	烘焙	
	容易	困难
尺寸	[小] 味道逊于普通大小的豆子 例：摩卡（不规则的豆子）、埃塞俄比亚的水洗式西达摩等	[大] 味道佳 例：哥伦比亚、危地马拉、肯尼亚等高级品。果肉厚实。常被认为是"味道出不来"的豆子
厚度[※1]	[薄] 透熟性佳 例：中美洲系，少有多变化风味	[厚] 味道醇厚甘美，豆子中央容易因为透热性差而产生"芯" 例：哥伦比亚、危地马拉、肯尼亚等高级品。如果能将它们正确地烘焙完成，就称得上是高手了
含水量	[少] 烘焙费时，故少有烘焙不均。烘烤后豆子色泽会更加明亮 例：墨西哥与萨尔瓦多的水分含量都比危地马拉少，因此烘焙容易，但味道变化较少	[多] 烘焙完成后，豆子颜色会慢慢变黑，因此必须充分除去水分。容易产生"芯"
精制法	[自然干燥法] 品质差，瑕疵豆与品质不一的情况多 例：秘鲁等咖啡豆多干燥不均，虽容易烘焙不均，但少有"芯"产生	[水洗式] 品质高，味道稳定。少有外表颜色不均的烘焙状态，但是容易产生"芯"
豆子	[老豆=库藏咖啡] 咖啡的味道会随着时间递减，另一方面，不好的味道也随之递减 [油性成分少=挥发成分少]	[新豆=当年新收成咖啡] 丰富的味道，连瑕疵豆也各具风味 [油性成分多=挥发成分多] 因脂质及焦糖化作用更添风味。排气能力佳，若烘焙设备整体未达平衡，则难以烘焙。不易做出相同味道的咖啡，味道会因烘焙而显著改变
成熟度	[佳] 例：南方低地生产的咖啡豆相当容易烘焙，充分成熟，但味道不丰富 例：加勒比海系，成熟度高，酸味佳且稳定，味道调整容易（浅度烘焙的蓝山）	[差] 多属未成熟豆，豆子表面满是皱褶，中央线也弯弯曲曲，相当难以烘焙，也难以重现相同味道。涩味强烈，须仰赖深度烘焙调整味道 例：高地产咖啡烘焙不易但味道丰富
树木品种	枝丫少的帝比卡等老树种烘焙容易，味道调节也容易	卡杜拉、卡杜艾等，不耐日光直射，成熟度低，味道较少变化
烘焙不均	烘焙不均的状况一目了然	会产生眼睛不易发现的烘焙不均状况（产生"芯"等），难以发觉豆子内外是否皆烘焙均匀
烘焙方法[※2]	大致上采用标准烘焙就能成功	必须注意火力的微调

※1 颗粒大而肉质薄的豆子容易烘焙；颗粒小而肉质薄的则不易烘焙，容易造成烘焙失败。

※2 品质不一的成因有很多，光是调整烘焙机是不够的。重点在于根据种类与比例，尽可能采购品质均一的咖啡。

不过以上所提的都只是一个参考，干枯的豆子并非就不能深度烘焙。库存十年以上的老豆被视为珍贵的咖啡豆，有些咖啡店将之深度烘焙后再用法兰绒滤网仔细地萃取。

咖啡中有适合浅度烘焙的豆子，也有适合深度烘焙的豆子。我曾将手上的咖啡豆由浅度一路烘焙到意式，并记录每个烘焙阶段的味道，因而得知每种咖啡豆都拥有能使之发挥最大美味的最适烘焙度。

接着，适合浅度烘焙的豆子、适合中度烘焙的豆子、适合中深度烘焙的豆子、适合深度烘焙的豆子，依序分类，即可看出它们之间的共同特征。由此归纳出的方法，就是第2章中提到的"系统咖啡学"。

譬如说，这里有古巴、海地、牙买加、多米尼加咖啡豆，仔细看看，它们的成熟度皆高，且精制度无可挑剔，颗粒大，卖相好，是等级相当高的豆子。要销售烘焙的豆子，豆子外表是重要的因素。

浅度烘焙的基准咖啡——古巴水晶山

中度烘焙的基准咖啡——巴西水洗式

中深度烘焙的基准咖啡——哥伦比亚特选级

深度烘焙的基准咖啡——秘鲁EX

这些豆子——我称之为“加勒比海系咖啡豆”——烘焙后不易有烘焙不均的状况，充分爆裂后豆子膨胀的状态亦佳。颗粒虽大但肉质薄，因而透热性佳。颜色会随着烘焙时间改变，可用来当做观察烘焙过程的教材。加勒比海系豆子的特征是具有绝佳的延展性，能够充分膨胀，因此适合浅度烘焙。另外，酸味与涩味少这点也让它适合浅度烘焙。

一般来说，浅度烘焙容易产生涩味，成熟度高的豆子少涩味。精制度低的产地所生产的咖啡混杂了未成熟的青色豆，容易产生涩味，而且会有刺激喉咙的味道。加勒比海系的咖啡豆生长状况很好，精制度高，所以浅度烘焙也不产生涩味。浅度烘焙的咖啡也就是适合初学者使用的“入门咖啡”，因此不能太苦也不能太酸，若有难以入口的酸味或涩味，就会让人想拼命加牛奶与砂糖，而渐渐远离咖啡的原味。制作美味的浅度烘焙咖啡的诀窍，在于注意咖啡味道不要太过复杂，越是简单明了的味道越佳。

以下整理了适合浅度烘焙的咖啡（也就是酸味少的咖啡）的特征：

1. 少酸味与涩味的豆子
2. 柔软且果肉薄的豆子
3. 尺寸与水分含量平均的豆子

水分含量少且果肉薄的豆子通常具有绝佳的延展性，能够充分膨胀，并且（采收后储存数年的咖啡豆）适合浅度烘焙也是基于这个原因。

加勒比海系咖啡豆的特征，是具有容易入口且酸苦平衡的味道，但却缺乏强劲的感觉以及复杂的味道。要想追求多层次且复杂的味道，就必须进入更高层的中深度～深度烘焙的世界了。

最能够让咖啡丰富的风味与香气得以发挥的烘焙度就是中深度烘焙。深度烘焙会产生较强的烟熏味（焦味），而扼杀咖啡的甘甜香味。

适合中深度烘焙的咖啡是个性强烈的咖啡豆。例如曼特宁、摩卡·玛塔利、夏威夷·可那这些个性派的豆子。其他还有中美洲高地产的危地马拉、墨西哥高地产的咖啡豆，以及哥伦比亚、坦桑尼亚这类果肉厚、酸味强的豆子。咖啡豆中的成分会随烘焙程度愈深而愈减，低地产的薄果肉咖啡豆原本就少的成分会更加稀薄，因此中深度～深度烘焙适合高地产的厚果肉咖啡豆，它的丰富口感不受较深烘焙度的影响。

浅度烘焙到中度烘焙的阶段，咖啡豆的味道相当有个性，而太过有个性也正是它们的缺点。中深度以上烘焙的咖啡浓度较低且较无个性，中深度烘焙的咖啡豆味道较深度烘焙的豆子厚重。深度烘焙的咖啡豆味道清爽单纯，也较无个性。我最推荐肯尼亚、哥伦比亚、高地产的危地马拉这些有着厚实果肉的咖啡豆。

■被当做味道基准的咖啡

对于4个主要烘焙度，我这里有各自的味道基准咖啡。定下这4个味道基准咖啡，在教导工作人员调配味道时，就能有一个共同的味道标准，告诉他们要比某个基准再酸一点再苦一点。以下是各烘焙度的味道基准咖啡：

●浅度烘焙——古巴水晶山

●中度烘焙——巴西水洗式

●中深度烘焙——哥伦比亚特选级

●深度烘焙——秘鲁EX

中度烘焙以古巴咖啡豆为基准也可以，但巴西咖啡的味道平顺，因此更适合。味道变化的幅度愈小，就算味道有所变动，改变的幅度也只是在狭小的范围内，就越容易调整。

各烘焙基准味道尽可能都选用味道平顺的咖啡，以控制其味道变化幅度。

舌头习惯咖啡，就能像测量仪一样能够判断咖啡的味道，尝试的范围也能够由浅度烘焙往深度烘焙挑战。不可急于求成，要一步步确实前进。不断反复试饮浅度烘焙咖啡后，自然会想试试更浓厚的咖啡。顺其自然地一步步尝试，如此一来爱上咖啡的人就会越来越多。

●关于炭火烘焙

据说炭火烘焙的咖啡会有炭的香味，能够烘焙出相当美味的咖啡。这是真的吗？高温加热的气体中拥有的成分与香气不可能转移到咖啡豆上面，因此除非炭火的炭灰沾到咖啡豆上，否则咖啡不可能有炭火的香味。

因此炭火咖啡会成为一股潮流，有其他的原因。其中之一就是因为炭火烧烤的食物总给人美味的印象，厂商模仿炭烧鳗鱼以及串烤鱼制作出炭火烘焙咖啡。鳗鱼用炭火烤过相当好吃，但咖啡就不一定了。另一个原因可能是因为采用炭火烘焙后，可以高价销售。其他原因还有炭火烘焙机机型较小，操作便利，可保证豆子新鲜；还有采用深度烘焙，可以平衡酸味与苦味，提升香气，这是小规模自家烘焙店可以做得到的。因而“炭火烘焙咖啡是大规模咖啡制造商为了对抗自家烘焙咖啡店而采用的计谋”。

4 挑战手网烘焙

烘焙初学者可采用手网烘焙，火力的调节比较自由，亦能方便观察豆子颜色的变化。使用机械烘焙之前，可先熟悉手网烘焙。

■手网烘焙的建议

喜欢荞麦面的人总想要自己做面，同样的，喜欢咖啡的人不会满足于买现成豆子自己萃取，而是会想涉足烘焙的领域。如果你不相信可以上网看看，你可以发现网络上有许多专业、业余交杂的烘焙教学网页，其中最受欢迎的是初学者也能挑战的手网烘焙网页，更有些人疯狂到开发防风型的瓦斯炉以及冷却风扇。这些网站蕴涵了每个人不同的经验，有着百花争艳的雅趣。

手网又叫手工烘焙器（Hand Roaster）。可别小看手网烘焙，手网烘焙能够享受烘焙的乐趣，更是跃升正统机械烘焙的入门。

手网烘焙最大的优点就是能够除去烟雾，烟雾没有去除的话，咖啡会有烟熏味。

有些商店销售的咖啡豆采用完全密闭的滚筒式烘焙机，这些店家的豆子一开封立刻就会散发出扑鼻的烟熏味，就连初学者都知道这是因为烘焙机的构造与排烟设备不良，咖啡豆会有烟熏味也是理所当然的。

但是，手网这种最原始的工具却能够避免烟熏味。手网烘焙看起来似乎不太专业，但却能够烘焙出最美味的咖啡豆，手网烘焙能够充分去除烟雾，还能自由调整火力，更能够方便观察豆子烘焙过程中外表的变化。光是方便观察这点，就让手网成为无可取代的烘焙器材。

那么，用平底锅与陶瓷烘焙器如何呢？这些工具仍有许多不适用

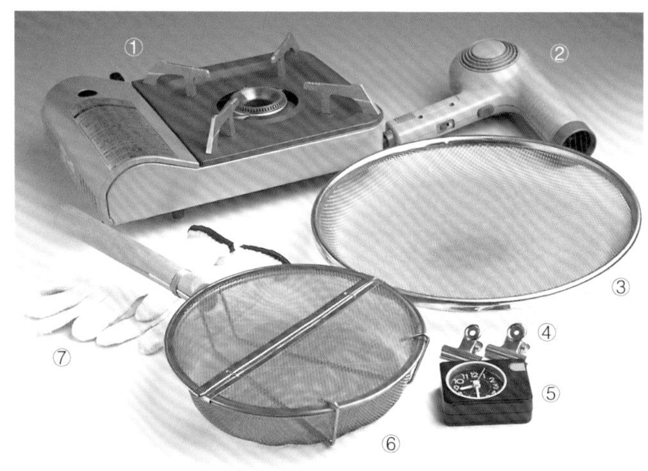

手网烘焙的工具
①家用的简易型瓦斯炉
②冷却用的吹风机
③冷却用的金属篓子
④固定手网盖子的夹子
⑤计算烘焙时间的小时钟
⑥直径23厘米、深5厘米的手网
⑦粗布手套

的缺点。陶瓷烘焙器原本是放在火盆上煮大豆或银杏的工具，拿来烘焙咖啡似乎有些不适用。它在去除水分这点上表现不错，但是却不是各种烘焙度都适用。另外，要烘焙至法式～意式的阶段，火力必须再增强，但陶瓷烘焙器原本就是用于小火慢煮，无法耐强火，因而勉强适合用于浅度烘焙。

而平底锅或者炒锅也有弱点。烘焙咖啡豆时，为了防止烘焙不均，必须不断翻动豆子，而锅底平坦的平底锅会让豆子的某一面持续停留在锅底，无法使每面平均受热，容易产生煎焦或烘焙不均。

再加上平底锅与中式炒锅等都重1千克以上，就算再怎么对自己的体力有自信，要20分钟持续以相同的节奏翻动豆子还是太困难了。另外，刚开始烘焙的时候银皮会脱落，使用铁锅的话银皮就会留在锅子表面，如此一来就难以判断豆子的状态了。

但并不是所有的铁锅都不适合当做烘焙工具，同样是铁锅，但重量轻、翻动容易、底部呈圆形者就可以。现在我正使用来自朝鲜半岛的铁锅（直径21厘米×深7厘米×厚度1毫米，重490克）制作深度烘焙咖啡，它比手网更容易让豆子膨胀，唯一的缺点就是必须不断以筷子或是木铲翻动。

手网的摇动法

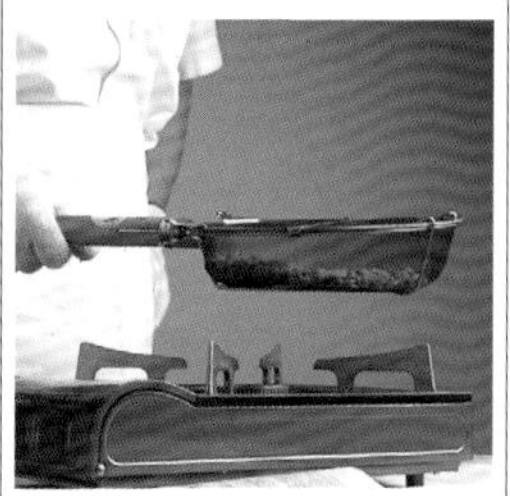

①手网底部与炉火平行，按一定的节奏前后摇晃。火力为中火。一开始手网离火远一点，花时间慢慢烘焙。

②手网保持在距离炉火10~15厘米处，火力转为较强的中火，以画椭圆的方式摇晃。

③让咖啡豆整体平均受热，注意底部的豆子容易烘焙不均。手网摇晃的速度约120次每分钟。

■手网烘焙的工具与生豆

手网烘焙的工具如下：

◎手网（直径23厘米×深5厘米）

◎家用简易瓦斯炉（户外专用的防风瓦斯炉也可以）

◎冷却专用的吹风机

◎冷却专用的金属篓子

◎夹子2个（用来固定手网盖子）

◎粗布手套

◎小时钟（计算各种烘焙度花费的时间）

◎生豆（150克左右）

工具准备齐全后，接下来就来烘焙生豆吧！首先，有的生豆容易烘焙有的则不容易，这些我曾在“系统咖啡学”中不断重申。我再提醒一次，外表偏白色、生长良好的薄果肉豆子（A型）较容易烘焙，加勒比海系的古巴、多米尼加、海地、牙买加，还有中南美洲系的尼加拉瓜、萨尔瓦多等都属此类。

相反的，果肉厚、水分多、颗粒大小不均的咖啡豆烘焙不易，中南美洲系的高地产危地马拉就属此类。其他还有哥伦比亚、坦桑尼亚、肯尼亚等高地产的硬豆。因为容易烘焙不均且产生“芯”，对于初学者而言是烘焙难度高的咖啡豆。以水分含量来看，自然干燥的豆子与库藏的干燥豆子容易烘焙。自然干燥的豆子瑕疵豆多，因此必须有进行手选的耐心。

古巴豆的手网烘焙

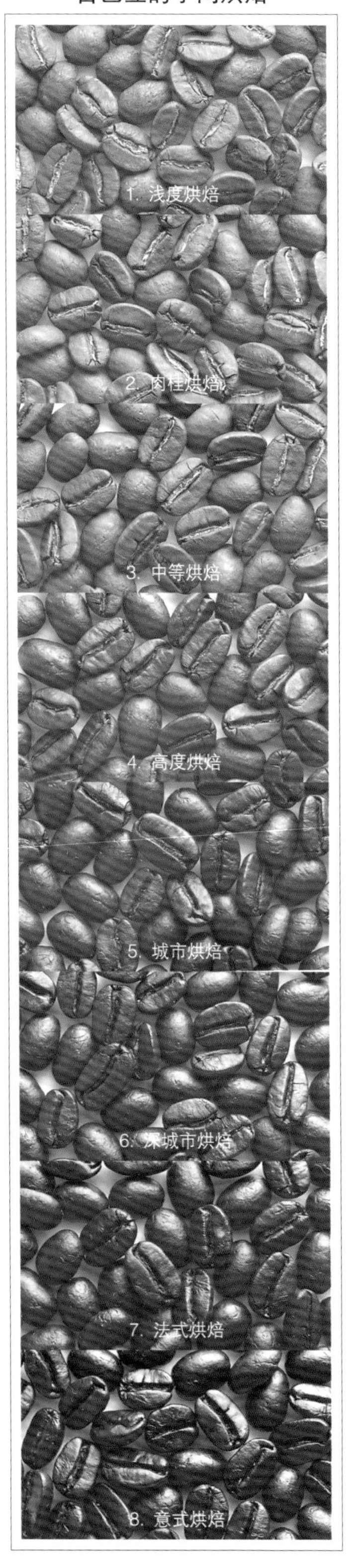

烘焙时间根据烘焙度而不同。大致来说，浅度烘焙到深度烘焙的时间标准大约是14~24分钟；烘焙时间会根据所选的生豆而改变，水分多的深绿色系豆子费时较长，大颗粒豆子当然又比小颗粒豆子要花更长的时间。

■手网烘焙的秘诀

火力固定在较强的中火即可。如果像煮饭一样，先用小火，再用强火，最后中火，会造成烘焙不均。火力调整或许可以煮出美味的饭，但手网烘焙时火力必须固定。固定火力的强度后，再根据火力强度调整手网与火焰之间的距离。

手网的位置与瓦斯炉的炉火保持平行，稍微上下晃动，不要让豆子滚动。原本手网烘焙就存在很多会造成失败的不确定因素。例如手腕因为不断以相同频率摇晃手网，虽然我们意识得到，但持续晃动20分钟，手腕也会因为疲劳而开始乱了节奏造成烘焙失败。当然可能造成失败的变数不止这一点，因此我们先“固定火力”，才方便找出其他可能造成失败的原因。

即使固定了火力，十之八九的初学者仍然会有烘焙不均的状况，这也是正常的。每颗咖啡豆的形状、大小、水分含量皆不同，而摇晃手网的方法又因人而异，刚开始总会失败，无须悲观。就算表面有些烘焙不均，但只要热能能够到达豆子中心，使豆子充分膨胀，这样的咖啡还是远比市面上销售的劣等咖啡美味。咖啡的新鲜度足以盖过烘焙上的小缺点。

要避免表面烘焙不均，首先必须去除水分。生豆大抵都会有颗粒大小、果肉厚度、水分含量等不一致的状况，只要不是使用顶级的咖啡，手选的步骤就不能省略。颜色与形状等外观的差异还容易分辨，真正困难的是外表看不出来的咖啡豆内部含水量的差异。忽略这点而进行烘焙的话，会造成表面烘焙不均、内外烘焙不均，让咖啡味道明显劣化。

因此我们必须先假定所有的咖啡豆皆含水量不均，为了消除这种状况我们必须花点工夫去除水分。采用手网烘焙时，在第一次爆裂开始前10分钟，要将手网与火保持一定距离，慢慢过火烘烤，让水分蒸发，消除含水量不均的情况。当然，机械烘焙也能除去水分，我个人称之为“蒸”：关上制气阀，以小火缓缓脱去水分。生豆开始脱水时会发出腥味，豆子变成黄色时，味道自然就消失了。我再重复一遍，请记住，咖啡豆的烘焙“开始的10分钟是用来脱去水分的时间”。

刚接触手网烘焙时，可先从浅度烘焙练习，熟练后再尝试更深的烘焙度。判断烘焙停止的时间不光是看豆子的“颜色”，还要听豆子的“声音”。不论是手网烘焙还是机械烘焙，豆子都会经历两次爆裂期。爆裂能让豆子膨胀变大。

第一次爆裂结束时就是中等烘焙的结束，第二次爆裂结束时就是深城市烘焙的结束。不管你如何喜欢浅度烘焙的咖啡，也不能老是只烘焙到第一次爆裂期之前就停手。因为此时豆子还未充分膨胀，中心大多都还未烘焙到。中央有“芯”的咖啡会产生涩味与刺激味。至于烘焙停止的诀窍，我将在第4章中详细说明。

手网烘焙的步骤（例：古巴）

①将生豆放入手网中。开始先缓缓加热，像要将豆子全部的水分甩除般摇晃手网。

②水分愈少，豆子愈白。手网稍微靠近炉火烘焙，听“恰、恰”声时，表示碎屑开始掉落了。

③颜色由黄色要转成褐色。碎屑几乎不再出现，但闻起来还是有青草味。手网晃动的速度稍微加快。

④豆子变成茶色，芳香的味道出现。差不多要进入第一次爆裂期了，手即使酸也不能休息。

⑤在第15分钟左右开始第一次爆裂，会发出“啪叽、啪叽”的声音。第一次爆裂后变化急速，马上就进入第二次爆裂。

⑥第二次爆裂由开始到结束2~3分钟。照片中是刚过第二次爆裂期的顶点，也就是深城市烘焙阶段。

⑦豆子表面完全呈黑色，开始碳化。这阶段是所谓的意式烘焙，土耳其咖啡等常使用此烘焙度的咖啡豆。

⑧冷却约需3分钟。判断成功与否可将豆子切开：豆子内外颜色相同表烘焙成功，出现两层颜色表明有“芯”产生。

制作综合咖啡不是依据咖啡的『产地名称』，而是『烘焙度』。另外，基本的组合比例也可改变咖啡的味道。

■综合咖啡混合比例的学问

过去制作综合咖啡有些奇怪的规则，其中一种叫做“混合的黄金比例”，提到只要正确组合哥伦比亚曼德林（Medellin）、摩卡·玛塔利、巴西圣多斯，就能做出味道调和的咖啡。

另外一个规则是将能够产生优质苦味的配角——爪哇罗布斯塔以20%~30%的比例加入上述的咖啡中，能够使咖啡呈现更好的味道。还有以有个性的一级品凸显平凡的二级品的做法。所谓有个性的一级品，我想指的是摩卡或曼特宁，而综合咖啡最常使用二级品或者罗布斯塔。对于这些我不知该说是无知还是随便。

另外，要做出“偏酸的综合咖啡”或者“偏苦的综合咖啡”也有一套固定规则。前者是50%摩卡+30%哥伦比亚+20%巴西，后者是30%爪哇罗布斯塔+30%巴西圣多斯+20%哥伦比亚曼德林+20%摩卡哈拉。这些都是以价格便宜的罗布斯塔种咖啡为主体的比例。

这些规则现在想来相当单纯，因为这些规则产生的时候咖啡业界仍在发展中，生豆相关的知识与烘焙技术皆还在不成熟的阶段，因此相当迷信“罗布斯塔等于好苦味”、“摩卡等于酸味”这些说法。

我前面已经提过了，混入20%~30%罗布斯塔的综合咖啡是“不好的咖啡”。摩卡虽偏酸味，但可根据烘焙度的深浅让它变成苦味咖啡。重要的是“烘焙度深浅对味道的影响，远大于产地与产地名称造成的味道差异”，以往的咖啡学大都忽略了这点。

■综合咖啡创造全新的味道

不论过去还是现在，综合咖啡讲究的都是味道平均。也就是将南美洲系咖啡加上非洲系咖啡再除以二，综合咖啡不喜欢用同系列咖啡调制，而多采用不同系列咖啡排列组合后找出平衡点。严格来说，即使同为南美洲系咖啡，也包含了各种不同咖啡，把它们都归类为南美洲系是为了比较方便，单看南美洲系咖啡的其中一种是没有意义的。

综合咖啡的目的不单是在平衡、调整味道，创造出醇厚度超越单品咖啡的新口味，这才是综合咖啡的精髓。单品咖啡的目的在于引出咖啡本身的个性，而综合咖啡的目的在于将这些具有个性的豆子经过组合后调配出新的味道。组合的方式不是凭感觉或者个人喜好，必须以数学与化学方程式的逻辑计算为依据。

■综合咖啡的制作手法

在具体说明如何调制之前，有一件事希望读者做到，就是请先将脑中的“巴西圣多斯”、“夏威夷可那”等产地名称彻底消去，接着在脑中记住，“决定咖啡味道最大的因素是烘焙度而非产地名称”。

我重申一遍，“摩卡拥有优质的酸味，有这样那样的味道”这种说法不够准确。的确，摩卡被称作酸味咖啡，但那只限于特定的烘焙度才能让它释放出丰富的酸味与香气，并非任意烘焙度都做得到。

烘焙度对咖啡的影响远大于产地名称，首先认识到这一点，才能了解接下来的综合咖啡制作手法。

综合咖啡有各式各样的制作方式，可以说有多少综合咖啡制作者存在，就有多少种制作方式。虽然综合咖啡可以挑战无限的味道创意，但我一再强调“制作出同样的味道”的重要性，排斥制作无法再被重现的味道，尽可能追求单纯的组合。以下我举出适合初学者使用的综合咖啡制作基本原则。

1. 烘焙度一致
2. 以等比例组合为基础
3. 仅用2~4种咖啡豆调配

第一个原则提到的烘焙度，我为了强调烘焙度一致的特性，特别为四大烘焙度各准备一种综合咖啡。四大种类的咖啡产地名称及组合比例如下所示（请参考照片）。

●温和顺口型咖啡（以三种浅度烘焙咖啡组合）
巴西2（C型）
古巴2（B型）
尼加拉瓜1（B型）

●清新明亮型咖啡（以三种中度烘焙咖啡组合）
巴西2（C型）
尼加拉瓜1（B型）
巴拿马1（A型）

●巴哈综合咖啡（以四种中深度烘焙咖啡组合）
巴西1（C型）
哥伦比亚1（D型）
危地马拉1（D型）
新几内亚1（D型）

●意式综合咖啡（以三种深度烘焙咖啡组合）
巴西2（C型）
肯尼亚1（D型）
印度1（B型）

虽然我不想使用摩卡咖啡、蓝山咖啡等称谓，在此为了方便起见，还是以产地名称列表，理由前面提过，应该将咖啡的烘焙度与类型列在产地前面，例如“浅度烘焙的BBC咖啡”、“深度烘焙的BCD咖啡”等。

■烘焙度一致的综合咖啡

如同原则1所说的，综合咖啡的烘焙度应该尽可能一致。也有人提出不一致的烘焙度能让咖啡更有层次感，但初学者应该先将工夫花

●关于自然干燥法

在咖啡生产国能够看到许多咖啡豆干燥厂，有的是日晒干燥式，有的是机器干燥式，还有的利用一层层的阶梯状棚子干燥。代代传承的咖啡庄园雨季与干季的分界相当明显，采收时期正好是干季。

并非只有非水洗式与半水洗式咖啡豆采取日晒干燥，水洗式咖啡豆也常利用日晒干燥。我个人认为日晒干燥的咖啡豆比起机器干燥的豆子有透热性佳且烘焙平均的特性。

不论是米、鱼干，还是高级的乌鱼子等，都是日晒干燥的比机器干燥的美味，咖啡也是如此。日晒干燥的食物味道会稍稍不同。日晒干燥的咖啡豆中央线焦黑，这是判别豆子是否为日晒干燥的重点。

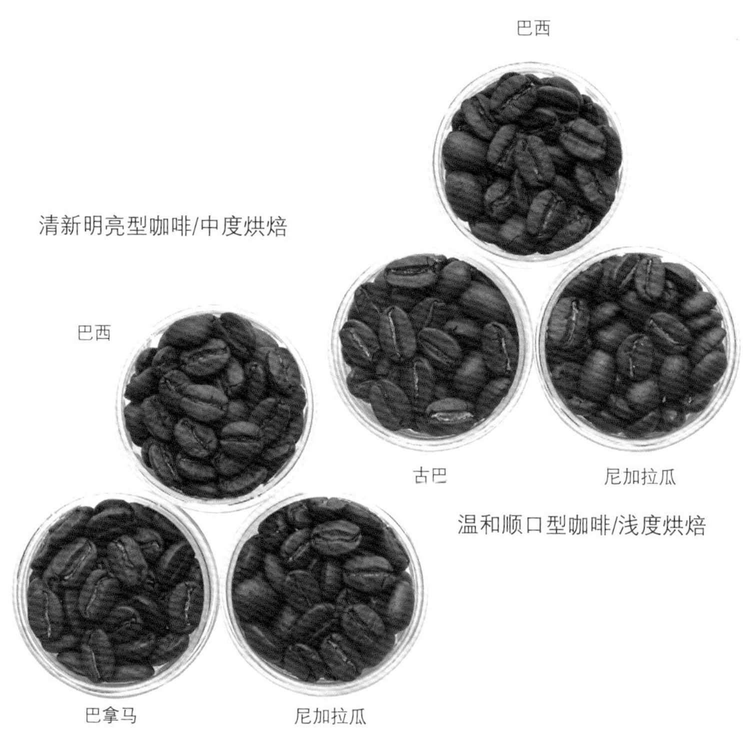

在统一烘焙度上。光是要统一数种咖啡豆的颜色就相当费时耗力，而且需要技术了。要进一步采用高难度的技术，可以在学会正确停止烘焙之后。

以不同烘焙度组成一杯综合咖啡，这并非什么崭新的尝试，我过去也曾多次试验过，得到的结论是，我似乎是故意用烘焙失败的豆子在做咖啡。这样的咖啡喝一口就会发现，其中的咖啡成分有着各自的个性，无法做出浑然一体、具有统一美味的调和咖啡。综合咖啡的真正价值就在于“调和之美”。要知道每种咖啡个体原本就不一定会彼此融合的。

以不同烘焙度的咖啡组成一杯综合咖啡，此话一出，立刻就有人反驳：“那么单品咖啡也算是一种综合咖啡了!”

譬如巴西咖啡豆，烘焙前经过手选步骤，仍会有尺寸、形状、水分含量等的微妙不同，把这些豆子放入同一个锅中烘焙，当然会有的烘焙较快，有的烘焙较慢。这种情况不只是巴西咖啡豆才有。

虽然如此，在最佳烘焙时间点停止烘焙，豆子外观颜色看起来大致还是一样，但仔细观察的话，一定会发现其中的不一样。烘焙停止的时间（我称之为最佳时间区）仅仅几秒的差异就会造成烘焙度些微

●谈谈产地咖啡

咖啡产地的人们应该是对咖啡最熟悉的吧？答案是否定的。咖啡对于咖啡生产者而言，只是带来财富的作物罢了。优质的产品就出口，劣质的产品就留着自己喝。而所谓的咖啡鉴定师，只知道试饮咖啡，对于咖啡真正的美味一无所知。

再者，不论哪个国家的咖啡鉴定师，都只喝自己国家的咖啡，不喝其他生产国的产品，甚至对于咖啡消费国是如何喝咖啡的也不甚了解。我曾经在一次拜访某个咖啡生产国时，将该国咖啡以最适合的烘焙度烘焙后请当地人试喝，他们相当惊讶自己国家咖啡竟能有这样的美味。“咖啡生产者等于咖啡通”，这只是传言罢了。

的不同。

但是只要烘焙停止时间在最佳时间区内，无须在意每颗豆子微妙的烘焙差异（颜色上看起来几乎一样）。也就是说，单品咖啡并非用不同种类的豆子制作，而是用相同种类但烘焙度有着些微差异的豆子。

这样想来，你就可以理解统一烘焙度这点有多困难，小小的差错集合起来会变成很大的差错。烘焙度不同，对于萃取速度也会有影响，结果会制作出味道不调和的咖啡。

■制作综合咖啡的基础是等比例的组合

烘焙度统一后，接下来就是等比例的组合。事实上每种综合咖啡都是以等比例组合为基础衍生而成的。

将复杂的调和比例忘掉，每种豆子均用等比例组合，因为豆子比例都相同，组合时能够比较自由，味道的微调也变得相当简单，等比例组合咖啡豆的好处就在于此。

举例来说，中深度烘焙的巴哈综合（哥伦比亚、巴西、危地马拉、新几内亚）并非每次都能调出相同的味道，必须要作一些调整。

遇到这种情况，首先是将每种咖啡豆用量匙一匙匙地舀取混合，萃取出的咖啡要试一下味道。假设新几内亚咖啡的苦味稍微突出时，就要降低它的烘焙度，而提高哥伦比亚或者危地马拉的烘焙度。如果这样还是没用，就将比例的分量稍微变更，每种成分的咖啡基本上为10克。如果采用“4：3：2：1”这种复杂的比例，要调整味道就不像等比例组合那么容易了。

我烘焙综合咖啡一开始也是用等比例的组合，但有时会发生咖啡豆新旧不同的情况。就像荞麦面，一到秋天就全都换成新采收的荞麦，那么咖啡何不都换成新采收的生豆呢？这是因为即使同为咖啡带，但赤道南北边的采收期各异，有时因为生产国内的库存调整等原因，新豆到手的时间已经是数个月之后了。

新豆的味道充满野性且浓厚，制作成综合咖啡时味道相当明显，因此要将它双重烘焙（请参照94页），即可减轻味道，与其他豆子调和。

综合咖啡的优点在于味道稳定（单品咖啡味道每年都会改变），但若遇上需要稍微调整时，可以参照以下的顺序：

1. 改变烘焙度
2. 双重烘焙
3. 改变组合比例
4. 改变咖啡豆的产地
5. 改变萃取方法

1的主要目的在于调整味道的酸苦（浅度烘焙的酸味强，深度烘焙的苦味强），2的目的在于去除涩味，减轻过于突出的味道。调整味道以1的效用最大，光是稍微改变在最佳烘焙时间段内的烘焙度，味道都会产生很大的不同。若是改变了1和2还是不够，就试着改变咖啡豆的组成比例。如果咖啡是用等比例的组合，就能够轻易作调整。

还是不行的话，就改变咖啡的产地。虽然如此，不是随便换一种咖啡豆就可以。如果用D型的肯尼亚替换A型的巴拿马，则整杯咖啡的味道会更糟。就像“系统咖啡学”中提到的，要以同类型的咖啡替换为原则。

最后一步是改变萃取方式。即由改变咖啡豆的研磨方式、水温、水量调整咖啡味道，但千万不要期待过大，因为即使调整后一个步骤，也无法变更前一个步骤造成的结果。

■综合咖啡用的豆子要有3~4种

豆子种类控制在3~4种即可，这点很重要。曾经有一个时期流行曼特宁加上摩卡、巴西配上墨西哥，这类以两种咖啡豆制作的综合咖啡。这种组合方式相当不利于味道重现。

只选用两种豆子等比例组合，则每种豆子各发挥50%的个性，但

表17　四种不同烘焙程度的综合咖啡

综合咖啡	豆子	类型	比例	烘焙度
◎浅度烘焙（温和顺口）	古巴 巴西 尼加拉瓜	B C B	2 2 1	浅 浅 浅
◎中度烘焙（清新明亮）	巴西 尼加拉瓜 巴拿马	C B A	2 1 1	中 中 中
◎中深度烘焙（巴哈综合）	哥伦比亚 危地马拉 新几内亚 巴西	D D D C	1 1 1 1	中深 中深 中深 中深
◎深度烘焙（意式综合）	巴西 肯尼亚 印度	C D B	2 1 1	深 深 深

※以巴西为基础的豆子有不同烘焙度的区分。

若是其中一边豆子是劣品，则调和失败的几率也就高达50%了。如果以三种组合的话则几率就是33%，四种就是25%。也就是说组成的豆子愈多，失败风险相对愈低，咖啡风味也就愈稳定。但另一方面，豆子种类过多，咖啡的味道就会变得单薄缺乏个性。这样一来，就制作综合咖啡的目的来看，就失去了创造新味道的意义了。因此组合的豆子选用3~4种即可。

●关于生豆的采购

关于生豆的采购，过去与现在有着天壤之别，现在生豆的选购方便许多。

在自家烘焙还不算是市场主流那段时期，只算得上是个人乐趣。之所以说是个人兴趣，是因为材料费用过高以致没有利润。还有一点就是自家烘焙店没法自己选择想要的豆子，咖啡豆的总代理进口什么豆子就只能买什么豆子。就算我们指定想要某种豆子，代理店也会以该豆一年的产量少而拒绝我们的要求。也就是说代理商全权主导生豆的种类。

现在的情况则是，你要在国际拍卖网站上买二三十袋都没问题，连代理商所没有的高级品都能够买得到。现在想想，从前咖啡豆难以到手的状况恍若隔世。

第4章 烘焙机的烘焙

掌握了手网烘焙的诀窍后，接下来就是学习用烘焙机烘焙咖啡的秘诀。咖啡味道的好坏取决于烘焙，在这一章我将公开正宗的烘焙法典中珍贵的资料。

1 烘焙机的种类

烘焙机主要分为『直火式』与『热风式』，还有两者的变形『半热风式』。热源有瓦斯、电、木炭等，配合用途与目的，请选择适合自己的烘焙机吧！

■烘焙机的种类

烘焙机由三部分构成，放入生豆进行烘焙的“滚筒”、使其燃烧的“燃烧器”（Burnet）、调节排气筒（烟囱）空气量的“制气阀”（Damper）。通常还附有“冷却机”——让烘焙完成的豆子立刻冷却的构造。其他还有与烘焙机排气导管相连的“集尘机”——用来收集微尘碎层和银皮的机器。以上是烘焙机主要的构造与功能。

烘焙机的热源有瓦斯、电、炭、红外线、煤油等。烘焙最重要的就是如何控制燃烧温度。其中最适合的是瓦斯加热式烘焙机。接下来是题外话。有段时期炭火烘焙相当流行：炭火比瓦斯（约1300℃）的燃烧温度高（约3000℃），再加上加热后产生的气体不含水分，因而被认为是最适合用来将生豆脱水的热源。

但是炭火烘焙的咖啡竟然与蒲烧鳗鱼并列为高级料理，这真是大错特错。瓦斯与炭火烘焙出的味道并没有太大差异。炭火烘焙后会产生美味且高级的咖啡，这一点根据也没有，更别说炭火的香气会转移到咖啡豆上面。根据量子力学的概念（Excitation），高温加热气体中的成分与香味绝不可能转移到豆子上。如果说咖啡豆上会有炭火的香气，那也只是因为炭粉覆盖在豆子上面的缘故。

烘焙机大致分为下列三种：

1. 直火式
2. 半热风式
3. 热风式

直火式烘焙机是将生豆放进有孔的滚筒中，再以瓦斯燃烧器的火直接接触豆子。半热风式烘焙机则是滚筒以铁板包裹覆盖，由滚筒后方送进热风，使豆子不直接接触火的烘焙。热风式烘焙机是另开燃烧室，热风透过导管由滚筒后方与侧面送入。咖啡制造工厂等所使用的100千克规模大型烘焙机几乎都属此类。

比较特殊的先放一边，我先比较直火式与半热风式的不同。

直火式——咖啡的味道与香气容易直接产生。机器构造简单，不易发生故障。豆子直接接触火焰，表面容易着色，但有时热力会到不了豆子中心。豆子容易煎焦，深度烘焙会产生烟熏臭味。豆子膨胀状态稍差，难以烘焙出味道平衡的咖啡。

半热风式——豆子不直接接触火，不易产生芬芳的香气。味道清新明亮且均一。烘焙操控容易，水分多的新豆容易烘焙。豆子膨胀状态佳。

每个机种都各有所长，无法简单地比较哪一种更好。只要保证烘焙室的进气量与烟囱的排气量整体上的平衡，烘焙好的咖啡就不会产生过大的味道差异。

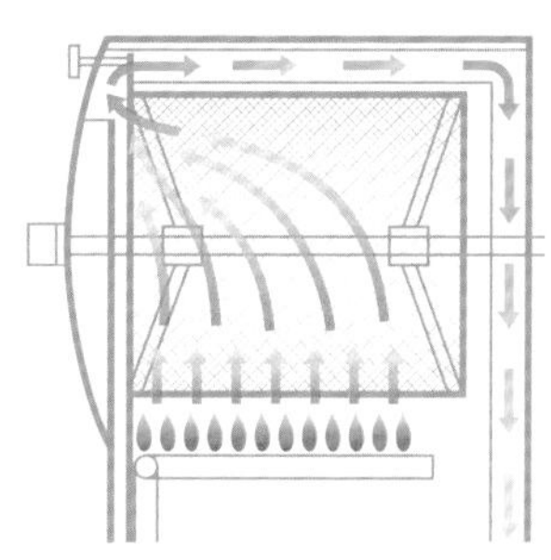

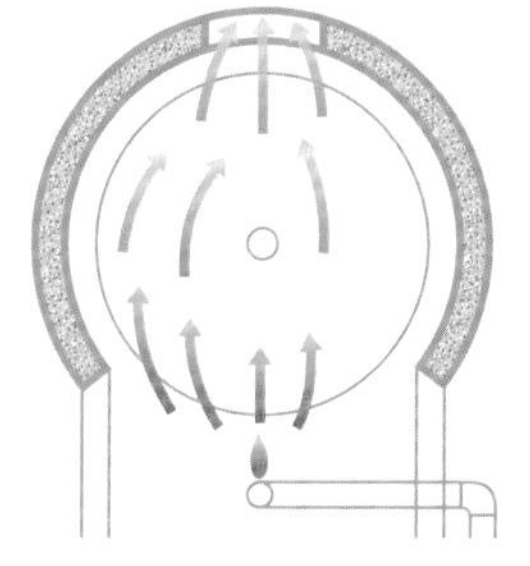

燃烧器加热的空气与烟由滚筒的孔直接进入内部，再由滚筒上部以强迫或自然方式排出。

图4　烘焙机的空气流向（直火式）

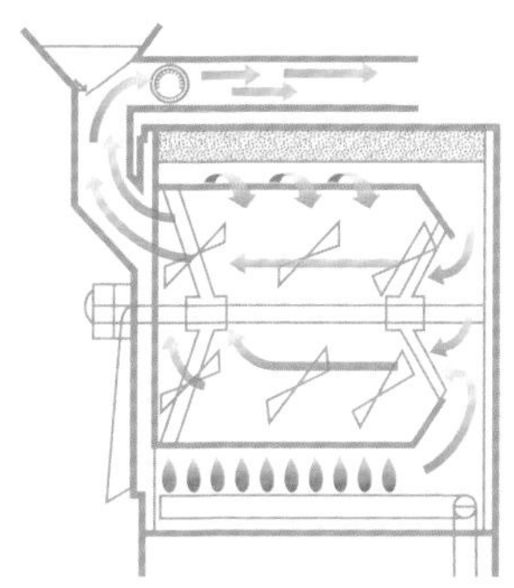

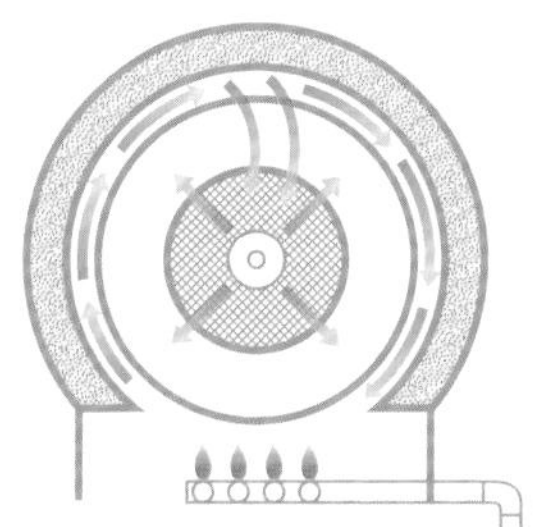

以隔板阻挡燃烧器的火焰直接接触滚筒，热风由滚筒后方进入内部，再由前方排出。

图5　烘焙机的空气流向（半热风式）

名匠（Meister）
使用这台烘焙机，能够将原本需费时10年的烘焙学习缩短至几个月。

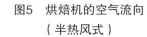

富士皇家（Fuji Royal）
自家烘焙店普遍使用的机种，本书记载的资料是富士皇家（Fuji Royal）5千克烘焙机。

■新型烘焙机

小型烘焙机存在着各式各样的问题，譬如说，“容易受外在空气影响”、“难以微调味道”、“容易烘焙不均”等。解决这些问题是我毕生的梦想。因此我与位于日本冈山的大和铁工厂共同开发新型烘焙机“名匠”（Meister）（5千克用与10千克用两种）。

采用双重断热外层解决外在空气温度的影响，再加设一个制气阀更大范围地调节排气量，可以实现稳定的烘焙。另外，对滚筒内部的搅拌叶片进行改良，让该机器可以做到均一搅拌以及充分排气。

“名匠”是电脑控制的烘焙机。事前要先将烘焙需要的资料输入，由放入生豆开始到第二次爆裂期结束都可以自动烘焙。但并非全自动烘焙，一开始可以采用手动烘焙，或是只有烘焙结束时才切换手动烘焙。这样才能让高手得以充分发挥高超技术。最近为了确保完全排气，有的人增加燃烧器的数量，或增设排气风扇，但这并不能解决根本上的问题，反而增加不必要的成本。

厂商制造的小型烘焙机有1千克用、3千克用、4千克用、5千克用、8千克用、10千克用等。建议读者配合用途、机能、烘焙量、自然条件等选择合适的机种。机种选择错误，会造成时间与金钱的浪费。

2 烘焙机的构造

烘焙机的构造主要分为『加热部分』以及排除烟与杂质的『排气部分』。滚筒与瓦斯燃烧器属前者，排气管与制气阀属后者。

表面上看操作繁杂的烘焙机，事实上构造却相当简单，谁都能够立刻学会如何使用。

首先打开开关，点燃瓦斯，将生豆放入锅炉的滚筒中。一边调整火力与排气，一边不断抽出取样勺确认烘焙度。判断豆子已烘焙完成后，打开冷却机开关，将豆子由锅炉中取出。烘焙的流程就完成了。这一节我们针对烘焙机主要的部位来谈谈其功能与问题点。

●制气阀

制气阀的功能主要有三点：排出烟与碎层等废物的排气功能、提供豆子燃烧时必需的氧气量、调整滚筒中的热度。基本上制气阀主要具有“打开时滚筒的温度上升，关闭时滚筒温度下降”的功能。放入生豆后立刻进入“蒸焙模式”（关闭制气阀）让豆子均质化（因为豆子的颗粒大小及含水量不同，必须先统一），这也是制气阀的重要功能之一。

制气阀有排气、冷却共享型，以及两者独立的分离型。79页照片中的富士皇家烘焙机（Fuji Royal，5千克用半热风式）就属后者，但10千克以下的机器多数为共享型，排气路线与排气管也整合成一个。也就是烘焙时将“烘焙/冷却”切换开关切至烘焙用，冷却时将开关切至冷却用（参照图7、图8）。以不需切换的分离型为主的设计多是

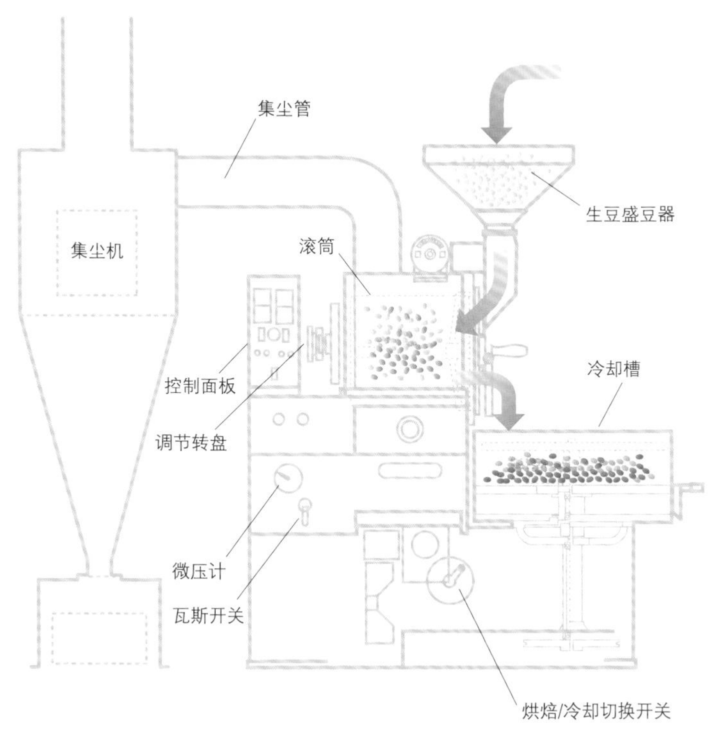

图6　烘焙机的构造与豆子的流向

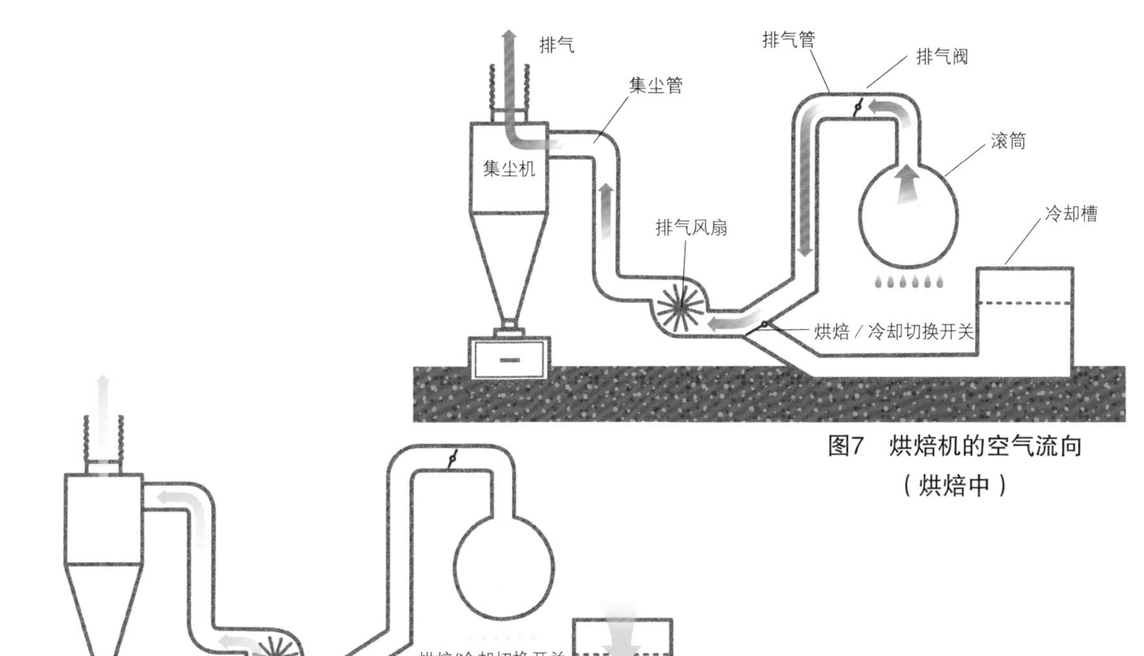

图7 烘焙机的空气流向（烘焙中）

图8 烘焙机的空气流向（冷却中）

排气筒（烟囱）应该如何设定，也跟烘焙机的设置条件有关。可以确定的是，如果烟囱的高度不够，对烘焙的正确性会有一定影响。特别是烟囱弯曲的部分容易产生乱流，尽可能采用直式烟囱是一大重点。高度必须是宽度的两倍以上才可以产生“气流效果”（烟囱效果）。气体一旦变热，密度就会降低，造成强力的上升气流。烟囱愈长上升气流的强度愈强。但是最近的主流趋向仰赖排气机强制排气，因此烟囱的高度也就无须那么要求了。

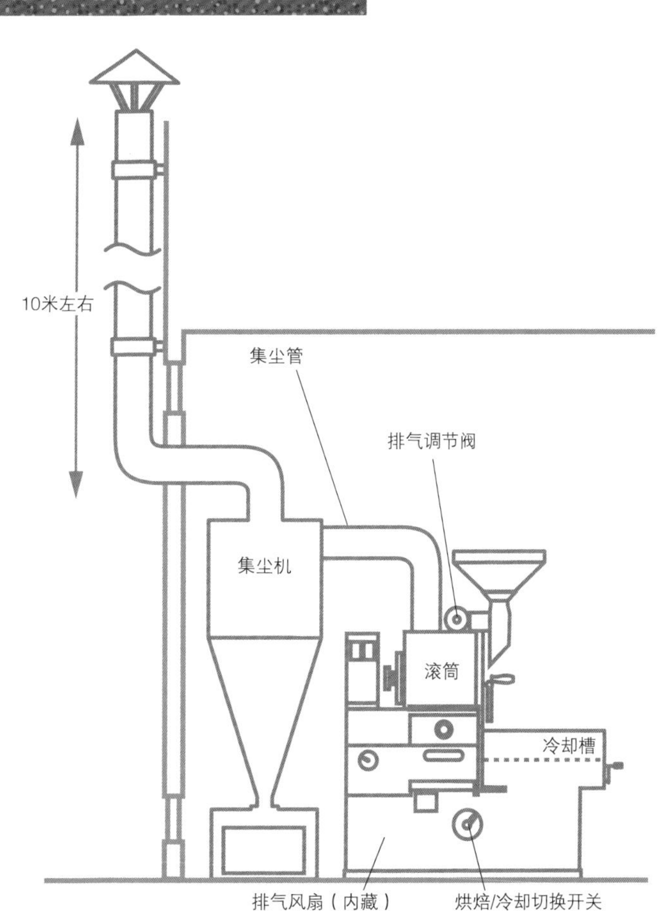

图9 烘焙室与烟囱

烘焙机的主要构造

①排气制气阀 ②制气阀（微调）
③瓦斯压力表 ④瓦斯开关
⑤瓦斯栓

取样勺（test spoon）

烘焙豆出口

前轴承（盖子打开后）

放入生豆的专用盛豆器

圆筒型轴调节转盘

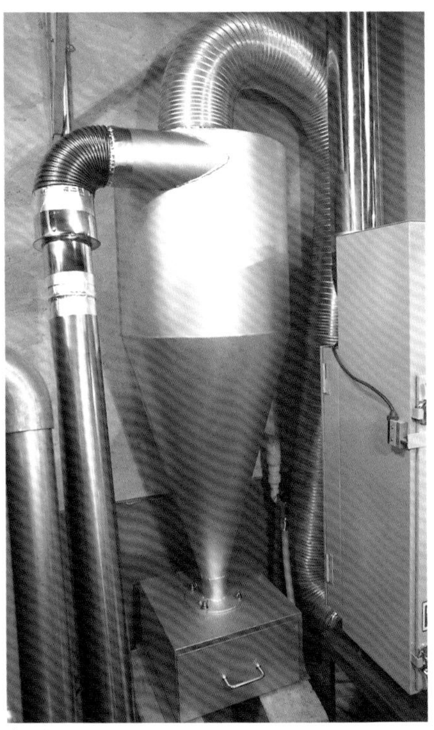
集尘机

冷却箱

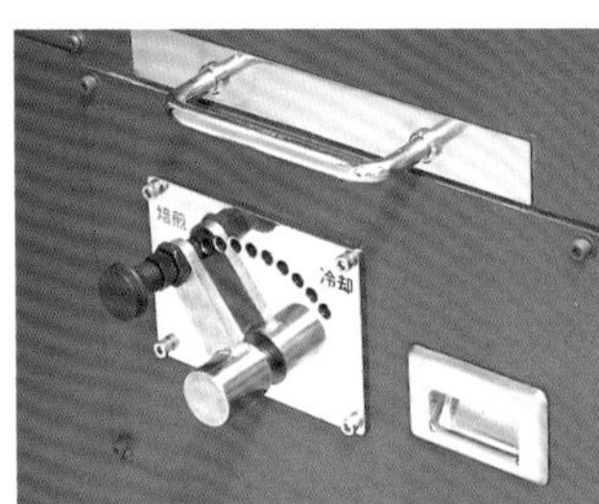

烘焙/冷却切换开关

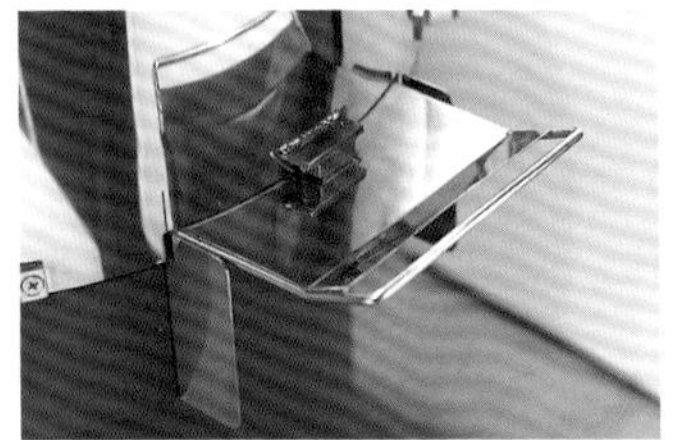
冷却箱出口

液晶触控式控制面板

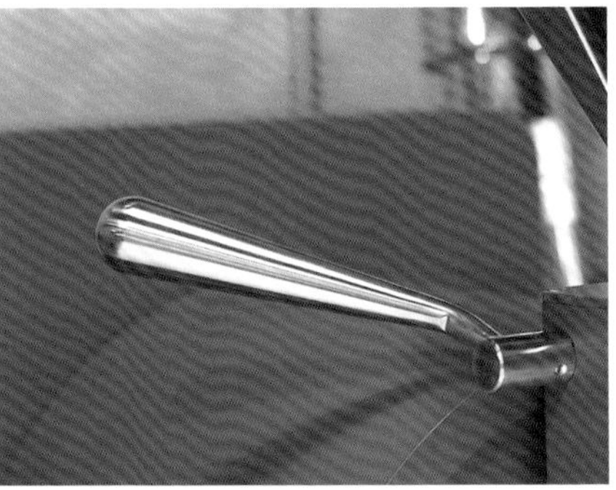
进豆调节阀

10千克以上的机种。

新型烘焙机“名匠”还多设置了一个制气阀（Aroma公司制造）。在相机里，它的功能就是补光，这个制气阀用在调整微妙味道与香气时威力强大。烘焙的好坏取决于“火力”、“排气”、“烘焙时间”。不论如何，以一个制气阀控制排气是个相当难的工作。

●滚筒

直火式与半热风式的滚筒构造迥异，但基本条件都是要具有能够均匀烘焙豆子的搅拌扇叶与合适的转速。如果烘焙机的容量有多少就放入多少生豆，会引起烘焙不均以及排气困难的现象。起因多出自于搅拌扇叶的构造。烘焙机根据回转时产生的离心力将豆子推向滚筒前方，让豆子成团状固定，所以扇叶安装的位置与形状都需要充分考虑。

●排烟设备

烘焙中的生豆会产生相当多的尘埃、碎层、银皮，集尘机就是收集这些东西的机器。它与烘焙机之间有水平导管连接，再接向屋外的烟囱。烟囱弯曲的部分会发生乱流，因此尽可能都以直线装设，让烟囱延伸至相当的高度。烟囱并非只是单纯的排气口，抽取集尘机内积存的空气也是它的工作。

烟囱过短不只会造成烘焙不均，还会让气体积聚，这一现象在5千克烘焙机满载烘焙5千克生豆时最为显著。最近的烘焙机多使用风扇强制排气，如此一来只要充分保证烟囱的口径，且其与烘焙机水平连接的导管够短，就无须担心烟囱的高度。

排气不顺，烘焙就无法正确进行。为了提升排气效率，排烟导管的设置已超出必要。烟囱作用太大的话，容易产生锅炉不热的弊病。因为火力再大，散失的热量还是过多，造成火力无法保持在适度范围。再者排烟过量会使冷空气进入锅炉中，增加滚筒内温度的不稳定性。排气能力太大或不足都很伤脑筋，最重要的是把握正确适当的功能。

●冷却装置

烘焙结束后若没有立刻冷却，豆子会以自己本身的余热继续烘焙下去，如此一来会使苦味变强。

●火力装置

控制烘焙机的温度是根据燃烧器的火力以及制气阀这两者的多重调整。火力设定端靠瓦斯压力表，微调整则仰赖制气阀。理论上燃烧器为强火，制气阀全开时为最大热量，反之则为最小热量。

●开发新型烘焙机

咖啡烘焙需要熟练的技术，掌握前需要积累多年的经验。在这30年间我反复实验也屡屡失败。我也开始进行机器的改良。最新烘焙机的标准配备是装配了可以同时测量排气温度与烘焙温度的感应器。过去的烘焙机只能知道排气温度，烘焙温度专用的感应器需另行购买，或者将之改造成方便以制气阀调节的机器。

3 烘焙机的操作

烘焙的基础在于避免『不适合、不平均、白费工夫』的情况。任意提升排气能力、火力过强，都将使烘焙无法顺利进行。烘焙的技术要从基础开始学起。

简单的烘焙有着各式各样的做法。有的人会先将生豆像洗米一样清洗过，再放入锅中烘焙；有的人会在烘焙即将结束前在锅炉中放入奶油；也有人由开始到结束始终保持制气阀全开；还有人在烘焙即将完成前一刻就将火关闭，以余热烘焙1分钟再将豆子倒入冷却槽。

基本上有多少烘焙者就有多少种烘焙方法，也没有所谓正确不正确。烘焙方法多是好事，但避免“不适合、不平均、白费工夫”的方式是基本原则。

以下我将介绍“基本烘焙法”，当然此法也属于诸多方法中的一种。将烘焙过程分为五个阶段，让大家容易了解。这里使用的是5千克用半热风式烘焙机。

■烘焙的准备

就像车子要暖车，烘焙机也要暖机。为了让锅炉温度稳定，最少暖机15~20分钟。我使用的“名匠”烘焙机（5千克用、10千克用）约暖机30分钟，“富士皇家”烘焙机（5千克用）约暖机20分钟，火力采用弱火到中火。

一次烘焙的咖啡豆分量标准是锅炉容量的80%，太多或者过少都容易引起烘焙不均。5千克的锅炉装4千克的豆子，3千克的锅炉装2千克的豆子。烘焙量少时不至于产生问题，但要以10千克的锅炉连续烘焙8~10千克的豆子，光是要将豆子送上盛豆器就是一项重度劳动，为此有人开发出悬吊机，能够将豆子自动运上盛豆器（86页照片①、②）。

连续烘焙豆子的顺序，要先烘焙肉质柔软、烘焙度浅的豆子（A型或B型），再烘焙肉质坚硬、烘焙度深的豆子（C型或D型）。由量少的烘焙到量多的，这样可以减少作业流失以及燃料损耗。

1. 烘焙阶段Ⅰ（0~5分钟）

锅炉温度达到180℃时放入4千克生豆。火力调弱火，温度开始下降，2分30秒时为95℃，排气温度到达最底限的154℃。这段时间，制气阀开度为1/4~1/3之间，也就是在“蒸焙”模式。蒸焙的目的是为了去除生豆水分，生豆的尺寸、干燥度不均等问题也能通过“蒸焙”达到平均。

大约经过4分钟，制气阀全开约1分钟，让生豆上掉落的薄皮碎层排出。接着再将制气阀转至1/4的开度，持续到第一次爆裂为止。

5~6分钟，豆子颜色开始改变。在此第一阶段，颜色会由深绿色转为浅绿色，进而变成白色，但这个阶段还不会突然变成褐色。香气一开始为青草味，第一次爆裂期前，青草味消失，豆子的声音也由较硬的“恰、恰、恰”声变成较软的“飒、飒、飒”声。

2. 烘焙阶段Ⅱ（5~10分钟）

最理想的烘焙，温度会呈抛物线状缓缓上升。中途若有温度起伏表示此烘焙是“不适合、白费工夫”的烘焙。这个阶段将制气阀稍微关闭，让热气密封在里面。

“蒸焙”有时被称为“均质”，主要是将水分含量与体积不同的豆子平均烘焙。蒸焙时间7~9分钟。

咖啡蒸焙结束要进入第一次爆裂期前豆子会稍微萎缩。第一次爆裂时膨胀。第二次爆裂前皱褶伸展，膨胀至更大。豆子全部变成土黄色，青草味变淡。

3. 烘焙阶段Ⅲ（8~10分钟）

豆子颜色由土黄色变成浅褐色。在第一次爆裂前，豆子白色的中央线相当显眼，水分去除后，豆子萎缩。这阶段豆子体积最小。12分钟左右开始出现“啪叽、啪叽”的声音，第一次爆裂开始。制气阀稍微打开，温度上升，排气温度180℃，芬芳的香气弥漫。豆子的褐色更深。第一次爆裂大约持续两分钟，第二次爆裂也大约两分钟。

这阶段开始进入真正的烘焙，前面的部分都是烘焙的准备阶段。制气阀打开二分之一或以上，这种开度可以让烘焙顺利进行，我称之为“烘焙”模式。

咖啡豆通常会经过两次爆裂，第一次是发出强烈的“啪叽、啪叽”声，第二次会发出“霹叽、霹叽”声。因此什么时候是第一次爆裂或第二次爆裂很容易判断。

当然在这段时间，要用取样勺不断确认豆子的颜色。通常烘焙机前面都附有取样勺，要确认豆子颜色时，将取样勺正面向上抽出，与样本的颜色作比较，判断烘焙停止的时间。观察结束后，将取样勺面朝下清空里面的豆子。烘焙中取样勺正面须朝下。

4. 烘焙阶段Ⅳ（15~20分钟）

持续2分钟后第一次爆裂终于结束，大约隔2分钟，第二次爆裂开始，这次也持续2分钟。这段时间，制气阀打开1/2左右，温度由180℃到190℃、200℃，缓缓上升。香味增强，豆子表面覆盖的黑色皱褶渐渐消失，组织细胞被破坏，豆子膨胀。

进入第二次爆裂是第16分钟左右，在那之前一刻将制气阀开至2/3或者全开，让滚筒内的挥发成分与烟排出。这个阶段是“排气”模式。豆子颜色为褐色稍带点黑色，可以闻到咖啡的香味。

5. 烘焙阶段Ⅴ（20~25分钟）

第二次爆裂结束是在第18分钟左右。在此时停止，就是最能够发挥咖啡味道与香气的深城市烘焙（中深度烘焙）阶段。再继续烘焙下

●水与咖啡

我对于水也下了相当的工夫研究。井水、名川溪水、矿泉水等都试用过。

由结论来看，最适合制作咖啡的是优质的自然水。这里的自然水是未通过净水器加温杀菌的自来水，不是其他经过特殊加工的水。

净水器的过滤材质不同也会造成净水效果微妙的差异。一般净水器使用的是由石炭、椰子壳等制成的活性炭过滤，除氯效果佳，但铁锈与细菌几乎无法去除。其他还有以活性炭与中空丝膜（呈中空的丝状纤维）或陶瓷配合使用的过滤方式，以及以逆渗透膜与活性炭结合的产品。这些过滤方式各有长短，无法评论何种较佳。

基本上不含石灰的软水最佳，无须特别使用矿泉水。也有人使用硬水冲煮咖啡，这会破坏咖啡的味道。水必须煮沸才能使用，且在煮沸时立刻使用。用重复加热的水冲煮咖啡，咖啡味道会变重。

“名匠”烘焙机的操作顺序

①将生豆倒入悬吊式盛豆器

②持续按住悬吊式盛豆器的上升按钮使它上升

③打开悬吊式盛豆器的开口，让生豆进入烘焙机的盛豆器

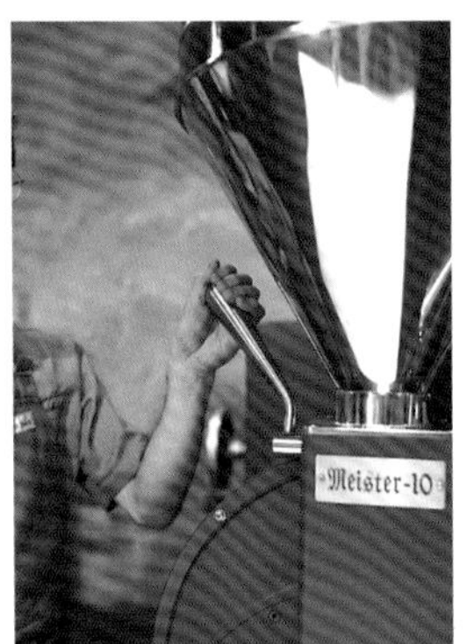

④将生豆放入滚筒

⑤完成时启动后燃器（After Burner）（只启动10千克专用）

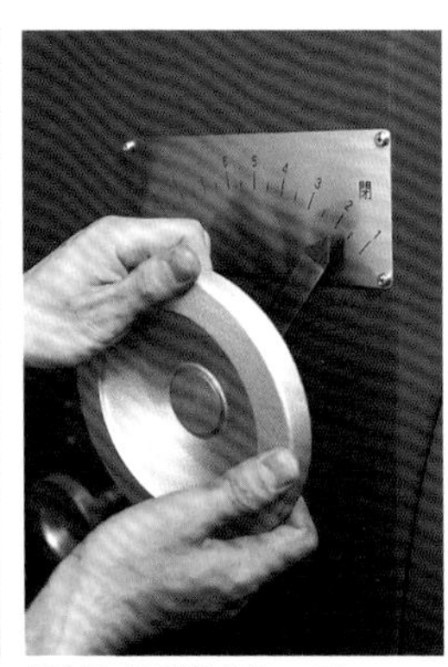

⑥制气阀稍微关闭，设定至“蒸焙模式”

⑦制气阀全关，以排出碎屑灰尘

⑧第一次爆裂时调整至“烘焙模式”

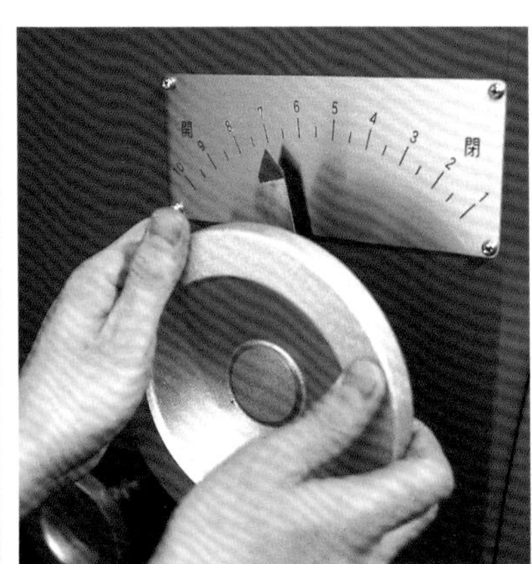

⑨第二次爆裂时调整至“排气模式”

⑩采集烘焙停止时的样本

⑪烘焙豆自冷却槽取出。若使用5千克的烘焙机可以切换“烘焙/冷却开关”

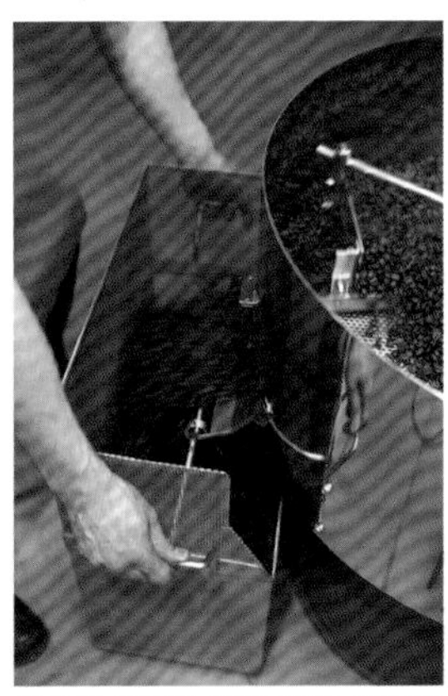
⑫将冷却后的烘焙豆装入专用容器

去，烟熏味会愈强，烟雾大量产生，此时烘焙度为法式～意式烘焙（深度烘焙）阶段。烘焙量为满载烘焙（5千克的锅炉就放入5千克的豆子）的情况下，烘焙时间通常约需耗费20分钟；烘焙量为锅炉容量的五成到八成的话，则需花费18~19分钟。另外，烘焙时间会依生豆含水量的多少改变。

冷却装置在烘焙停止前1分钟左右启动，预先暖机。若仅是要降低温度只需5分钟，完全冷却需7~8分钟。

以上的作业程序我按顺序归纳为以下几点：

（1）打开电源，让滚筒转动。

（2）燃烧器点火。

（3）调节预热火力。确认点火。

（4）调整制气阀（蒸焙模式）。

（5）确认滚筒的烘焙豆出口已关闭。

（6）将适量的生豆放入盛豆器。

（7）达到预定温度，将生豆放入滚筒内。

（8）烘焙开始。

（9）如果连续烘焙，将接下来要使用的生豆放入盛豆器。调整制气阀（烘焙模式）。

（10）调整烘焙火力。

（11）以取样勺确认咖啡颜色。

（12）如有必要可再度调节火力。

（13）烘焙停止前打开冷却装置开关。

●咖啡与甜点的关系

在有的国家，“红茶与甜点”的组合要比“咖啡与甜点”更被接受。但是一些甜点普及的国家，例如法国、奥地利，都是“咖啡与甜点”的组合。

奥地利有一种相当著名的巧克力点心，名为“萨赫巧克力蛋糕”（Sachertorte），我也多次在维也纳的“萨赫咖啡馆”品尝。这种蛋糕要和摩卡咖啡这类具有Espresso重苦味的咖啡搭配才能发挥其真正风味。与红茶搭配的话，只有蛋糕的甜味被凸显出来。

（14）确认冷却槽的出豆口关闭。

（15）以取样勺确认可以停止烘焙。

（16）快速打开出豆口，让烘焙豆掉入冷却槽。

（17）熄火。

（18）开始冷却烘焙豆。

（19）若烘焙机的排气管与冷却管共享，开关要切换至“冷却”。冷却3分钟以上，准备进入第二批次的烘焙。

（20）将生豆放入滚筒内，开始第二批次的烘焙。

接下来就是不断反复这20个步骤。

■烘焙机的定期检查与保养

烘焙机的定期保养是非常必要的。使用过后，烟囱自然会有薄皮碎层等残留，电机的轴承部分也会有碎渣残留。若不清理积存杂质的烟囱，这些碎层容易引发火灾。轴承部分的残渣不清除，只是注入油继续使用，让新的残渣再度累积，会造成烘焙中的滚筒停止转动。这不单会让烘焙中止，也会影响营业。

有人提到关于“火力增强时温度却异常突升”的问题，调查后发现元凶就是久积碎层的烟囱。就像血管被堵塞而造成血压升高一样，排气导管等也被碎层堵住导致温度异常上升。即使稍微打开，温度仍旧持续上升，这是由于极精细的温度控制受到影响的关系。

烘焙机的保养检查相当费时麻烦，因而常被忽略，但是想要正常烘焙，定期保养是不可欠缺的。以下是几项主要的检查部位以及检查方式。

1. 将油注入制气阀（图10）

由制气阀转轴上方将油注入2毫米大小的洞中。使用耐热性强的机油即可。如果偷懒省略注油工作，烘焙排出的烟就会慢慢附着其上，造成无法顺利开合，因而必须施力才能调整制气阀，最后停止针会损坏，制气阀将无法使用，制气阀的精确度会受到影响。

2. 润滑轴承（图11）

更换前轴承部分的润滑油。用棒子等将旧的润滑油清除，仔细去除脏污后，用戴着塑胶手套的手指将新的润滑油涂上去。若是忽视这一更换润滑油的动作，转轴会提早磨损，这样一来回转动作会不规则，进而无法转动。另外，在去除旧油之前先让烘焙机暖机，会更容易清理。

3. 清扫烟囱（图12）

刚开始每三个月检查一次，因为此时烘焙量还不多，且烟囱内侧还很光滑。过一段时间微尘碎层等开始附着，检查的地方不只有一个，连屋外的直立烟囱都要检查。屋外直立烟囱1米左右的地方最容易累积杂质，常会掉落。

清扫要以与烟囱口径吻合的刷子进行，也可以使用能够伸长的清洁工具或者线刷仔细清理。烟囱一旦塞住，排气能力会明显降低，而无法以制气阀调整火力与排气，甚至还有可能引起火灾。

4. 清洁温度感应器（图13）

定期将温度计拔出清洁。微尘等附着其上会影响温度感应器的精确度，感应器部分可用中性清洁剂洗去污垢。

温度计有排气温度计与豆子（锅炉内）温度计两种。过去大多只有排气温度计，为了要求更高的准确度，才在锅炉内部也放入感应器。此感应器与豆子接触测量豆子温度，但是它不算精确，因为感应器并非插在豆子聚集的位置上。豆子能够触碰到感应器会受到烘焙量影响，造成实际的豆温与感应器上显示的温度有差异。回到清洁温度感应器的话题。过去也曾发生杂质附着而造成温度感应器变形无法拔出的情况，希望读者要注意这点。

5. 集尘机（图14）

首先要将集尘机本体拆除清扫。如图14所示集尘机上有扫除孔，可以将它打开窥探内部，微尘碎层在里面层层累积，可用锤子轻轻敲落，接着再用刷子清扫。这些碎层附着会着火，因此切记一定要检查烟囱与集尘机内部。

6. 冷却槽（图15）

清扫冷却槽的进气孔。冷却槽虽然有点重，但必须将它卸下，以吸尘器吸除附着在内侧的碎层。

7. 排气用风扇（图16）

风扇与电机连接后虽然很重，还是得拆下来确认中间的排气用风扇叶片上是否附着微尘碎层。若不清除这些杂质，将造成无法排气以及电机无法运转。

拆卸排气用风扇时，不要从上方的螺栓先拆。拆掉螺栓时要从下方支撑住，否则卸下风扇时，电机的重量会使螺丝弯曲，使得连接烘焙机的部分松弛，就无法装回原来的样子了。装回去时先拧正上方的螺栓，但并非一根一根地拧上去，而是先将全部螺栓大致拧上，再沿对角线方向一个个拧紧。

以上是针对主要部位的保养方法。勤于保养烘焙机就能发挥其所长。烘焙机绝不是便宜的东西，谁都希望能够尽量使用得长久一些。

●自家烘焙与油烟污染

第一次购买烘焙机的人之中有些人特别注意集尘机或烟囱。其实，只需将烟囱视为整组烘焙设备中的一项即可。

烘焙机必须要有烟囱，滚筒内产生的烟与碎屑必须通过烟囱排出。事实上，烟囱也是问题的所在。烘焙若是在郊区野外进行还无所谓，在办公大楼林立的区域或者人口稠密的住宅区，屋外伸出烟囱，这就涉及油烟污染的问题了。

为了解决油烟污染问题，5千克以下的烘焙机配有“静电过滤清净器”（只消烟，无法除臭），还有除臭用的“活性炭过滤清净器”。10千克以上的烘焙机必设有“后燃器（After Burner）”，不过这种机器相当昂贵，说不定还贵过烘焙机本身呢！

图10

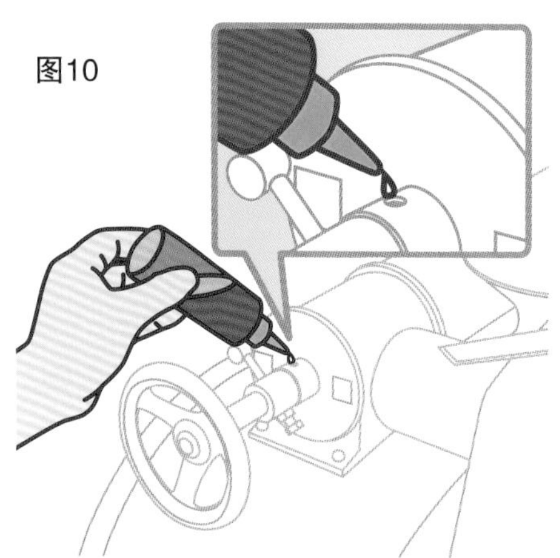

将油注入制气阀转轴

图13

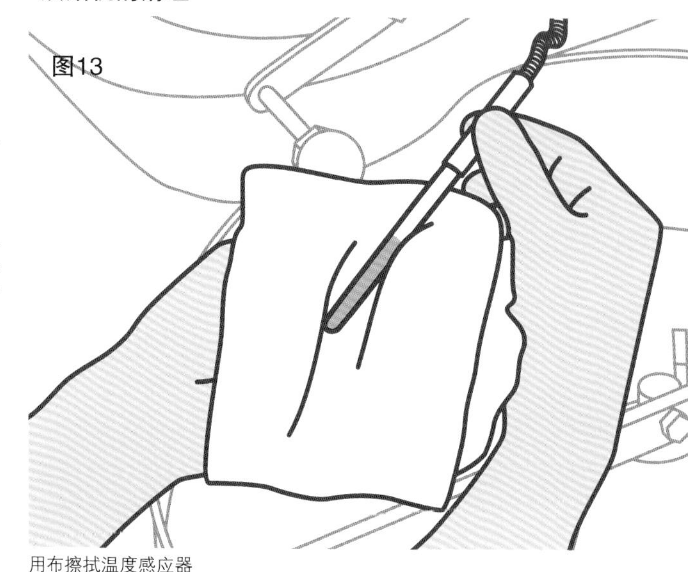

用布擦拭温度感应器

图11

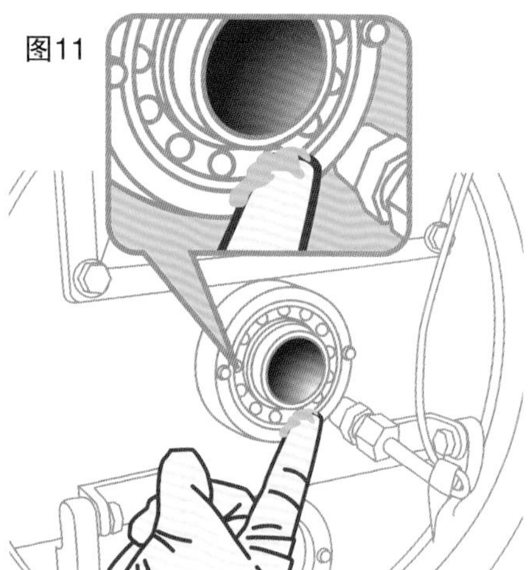

更换前轴承部分的润滑油。用棒子等将旧的润滑油取出，用戴上塑胶手套的手指涂上新的润滑油

图14

用小扫把或者手刷清扫集尘机的检视窗（或称“扫除孔”）

图12

用线刷清理外面的烟囱

图15-1

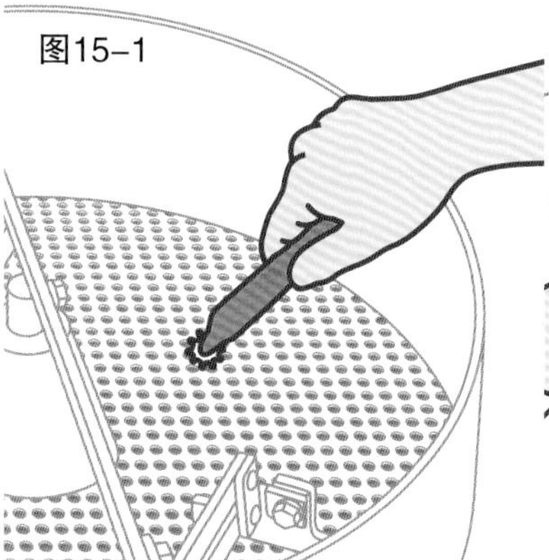

冷却槽的清理

图15-2

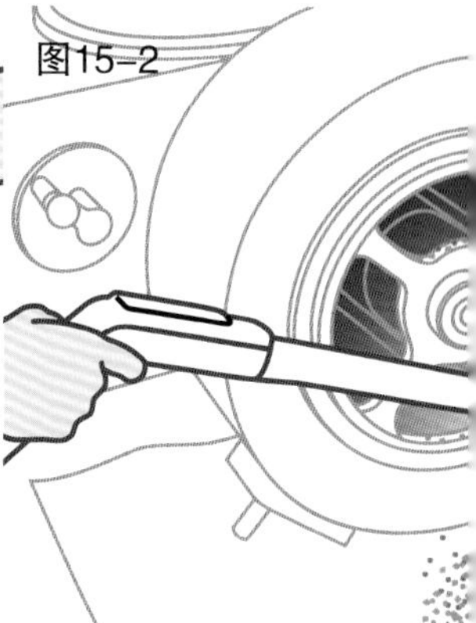

清扫冷却槽的进气孔

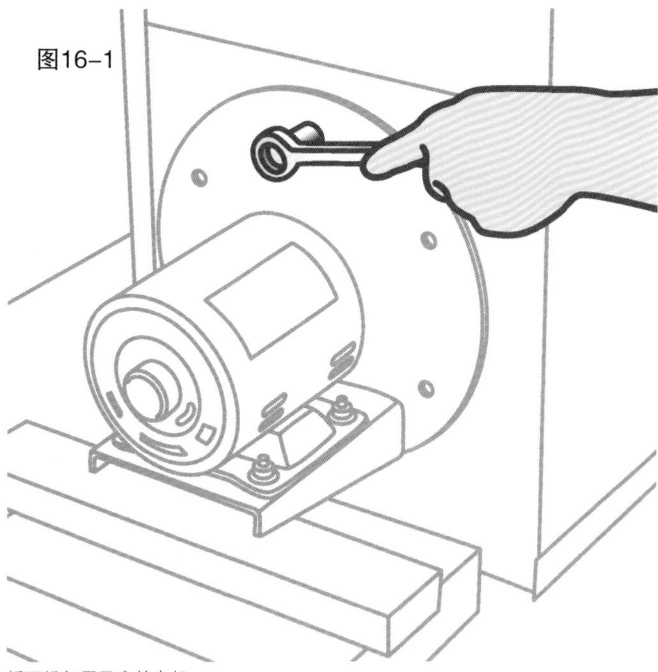

拆下排气用风扇的电机

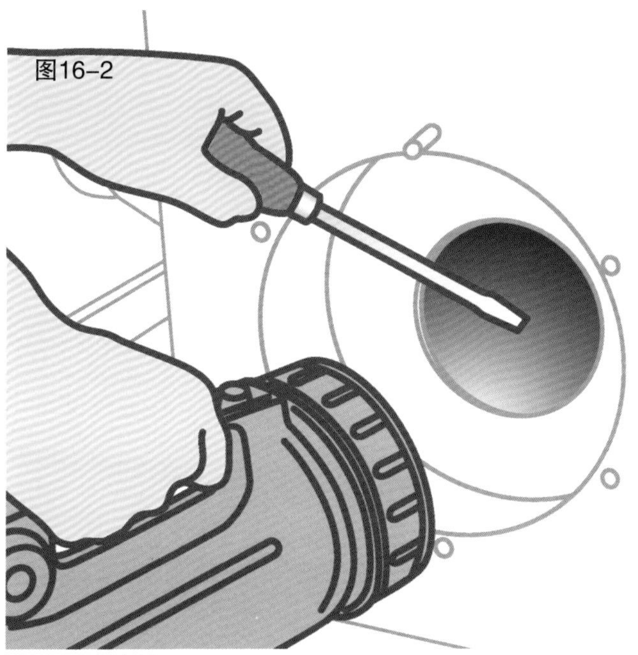

拆下电机，清洁内部

4 各式各样的烘焙法

烘焙有各式各样的手法，有单一品种咖啡豆烘焙，也有复合品种咖啡豆烘焙，另外还有『双重烘焙』。这些不是旁门左道，每一种都是制作出美味咖啡的重要技法。

依据目的和用途的不同，烘焙就有各式各样的方法。使用小型烘焙机，将少量生豆用较低的温度烘焙30分钟左右，这是“长时间烘焙”（也称“低温烘焙”、“慢炒法”）。一锅数百千克的生豆只花5~6分钟烘焙完成，这是大型咖啡制造商常用的“高速烘焙”（也称“短时间烘焙”、“快炒法”）。

另外，制作综合咖啡时，通常都是将个别烘焙的豆子混合。也有考虑效率而事先将两种以上的生豆混合，再将混合豆一起烘焙的手法，称作“混合烘焙”。这种手法多为大型咖啡制造公司所用，以便于大量生产以及工业使用。

以下是各种烘焙法的特征与使用方法的说明。

1. 单品烘焙（单一品种咖啡豆烘焙）

不与其他豆子混合，只进行单一咖啡豆烘焙的方法。生豆会依产地、收成、采收年而有尺寸、含水量、香气等的不同。要引出每种咖啡独具的味道，除了个别烘焙外别无他法。通常综合咖啡的豆子也是采用单品烘焙后再混合。此烘焙法能够通过杯测得知不同烘焙度的味道特征。我所说的“基本烘焙”全都根据此烘焙法产生。

2. 混合烘焙（复合品种咖啡豆烘焙）

两种以上的咖啡豆在生豆阶段就混合一起烘焙的烘焙法。主要是综合咖啡所使用的烘焙法。混合烘焙的优点在于一次烘焙就能完成综合咖啡，但是含水量、尺寸、豆质软硬等会引起烘焙不均的情况。因为单品烘焙引起的烘焙失误少，且不易产生杂味，所以综合咖啡最好还是以单品烘焙制作较佳。

为什么会引起烘焙失误呢？这样说有点专业，但一般来说，这是由于咖啡各自“比热”的不同。“比热”是指“物质升高1℃所需要的热能”。含水量不同的豆子、颗粒大小不同的豆子虽都以相同热量加温，但因为比热不同的关系，烘焙完成时会出现差异，使品质不均。不同种类的豆子一起烘焙，会烘焙平均才是“奇迹”。

混合烘焙是在事先知道会有烘焙失误的情况下进行的烘焙，基本上会让咖啡味道偏重。当然因为有烘焙失误，萃取也就困难多了。有什么补救的办法吗？大型咖啡业者是使用大锅炉，一次烘焙数百千克咖啡豆。通常用大锅炉高速大量烘焙的话，混合烘焙的缺点就不易显现。

如果你是用小锅混合烘焙，请注意下面几点。

●咖啡豆类型相似的时候

如第2章“系统咖啡学”中提到的，A型咖啡豆就用同属A型的豆子混合，C型豆就找同为C型的豆子混合。譬如说，A型豆有巴拿马、多米尼加，C型豆有墨西哥、哥斯达黎加、厄瓜多尔等组合。主要选择含水量、豆子大小、软硬度等相似的豆子组合。在混合成功之前，请先以两种练习。

●咖啡豆类型不同的时候

A型豆与D型豆混合烘焙，必然引起烘焙失误。在此要使用下面介绍的“长时间烘焙法”，统一烘焙速度。烘焙时间愈长，豆子外观会愈佳，但有些时候会出现异臭或者使咖啡淡而无味。

3. 长时间烘焙

相对性地抑制火力（与“低温烘焙”相同，通常将温度保持在180℃以下），以30到40分钟的长时间持续烘焙的手法。对于调节苦味效果奇佳，适用于在相同烘焙度下增加苦味。加上豆子中心也能充分吸收热量，皱褶得以充分伸展而膨胀，对于统一豆子形状与大小最为有效。

根据豆子类型分为以下两种使用方法。

●延长“蒸焙”时间的方法

到“第一次爆裂开始前”为止，这个阶段称为“蒸焙”。蒸焙普遍用于烘焙上，特别是干燥不均情况特别严重的时候，或者想要去除酸味和新豆水分的时候。“蒸焙”会使咖啡味道平淡，而且蒸焙过久有时会产生异臭。但这对烘焙技术而言是基本中的基本。此手法练成高手程度时，想操控味道就变得容易多了。

●延长“第一次爆裂到第二次爆裂开始前”时间的方法

抑制第一次爆裂开始的温度上升，注意调整烘焙速度，有助于去除涩味以及新豆等含有的刺激味。可调节强烈的味道，具有调整不良豆缺点的效果。不过这需要高度技巧，在烘焙过程中必须小心操控。

必须注意的还有一点，抑制温度的同时不能让温度下降。温度过低会造成颜色与香气不足，而成为不能使用的重口味咖啡。为了避免这种情况发生而拼命学习烘焙技术，还不如直接购买优质的咖啡豆，避免用此种烘焙法调整。

4. 低温烘焙

这种方法只是将第3种“长时间烘焙”的“时间”换成“温度”而已，手法上都一样。

5. 短时间烘焙

与3、4相反，这是需要加快烘焙速度的手法。此技巧有助于调整酸味，因为以相同烘焙度，高温、短时间烘焙完成，酸味较不容易残留。不过温度过高会造成烘焙不均或者有烟熏味，因而短时间烘焙也有其限制。使用方法有以下两种。

●滤杯的研究

要求一般人也要具有专家的技能似乎强人所难，因为客人毕竟不是专家。“没有高超的技术就煮不出美味的咖啡”，这不应是咖啡无法像日常饮料般普及的借口。冲煮咖啡的工具应该尽可能简便且具有高性能。

滤纸滤杯的缺点，在于注入滤纸的热水太少以致穿透力太弱，因而滤杯制造商会在底部开一个牙签大小的洞口，让热水容易通过完全萃取。但这样做有潜在的危险，这么一来就不叫过滤，而成了浸渍。

我认为最理想的是吸附力强的滤杯，因此改良出内部刻纹较深且底部有向外突出滤孔的滤杯（请参照129页），结果相当成功。这样萃取出的咖啡较以前更具安宁感且味道分明。

● “到第一次爆裂期为止”

造成烘焙不均的原因在于豆子松软前就用高温烘焙。因此诀窍是豆子松软后再开始高温烘焙。柔软、形状一致、水分含量一定、充分膨胀的豆子最适合，比如A型或B型豆。

● “第一次爆裂期之后”

适合品质不均的硬豆。在第一次爆裂期前蒸焙让它品质一致，过了第一次爆裂期再开始高温烘焙。

6. 双重烘焙

刚采收的深绿色生豆水分含量多，具有强烈的涩味与酸味，将它直接放到火上烘焙一定会烘焙不均，而做出的咖啡味道很重。为了避免这种情况，方法之一是将到第一次爆裂期的时间拉长，也就是延长蒸焙时间。还有一种手法是“双重烘焙”。

“双重烘焙”是指烘焙两次。第一次烘焙时，用中火烘焙数分钟，直到豆子颜色变浅、变白。将烘焙豆离火冷却，再以一般方式烘焙第二次。双重烘焙的目的如下：

◎除去涩味

◎抑制过强的味道与香气

◎统一豆子的颜色

◎在浅度到中度烘焙的阶段取得酸味的平衡

◎除去水分，避免烘焙不均

生豆中有些豆子若是直接烘焙，颜色、味道、香气都会过度强烈而缺乏平衡感。譬如，要将四种咖啡豆各自单品烘焙后制成综合咖啡，倘若四种咖啡都是酸味、涩味强烈的新豆，恐怕做出来的综合咖啡味道与香气会过于强烈。为了避免这种情况，可以将4种咖啡豆中的两种双重烘焙，即可有修正的效果。

另外像哥伦比亚或者肯尼亚等肉厚质坚的D型豆，如用浅度烘焙，残留的酸味会让人难以入口。D型豆不适合浅度烘焙，这点我在“系统咖啡学”的章节已经再三强调，但并不代表它不能浅度烘焙，只是烘焙时的操控非常困难罢了。不习惯的人会因为看不到结果而开始着急，无法预估出浅度烘焙的味道就放弃了。如果学会双重烘焙的技术，就能除去不好的酸味与涩味，煮出美味的浅度烘焙咖啡。想要以浅度到中度烘焙度烘焙D型豆时，双重烘焙可以发挥意想不到的威力。

那么，肉薄柔软的A型豆如何呢？此类型的豆子烘焙过久会失去味道与香气，所以采用“短时间烘焙”较适宜。但高温的短时间烘焙却会造成烘焙不均。这时双重烘焙又可派上用场。

双重烘焙的技术主要用于浅度烘焙的咖啡。想要完美烘培皱褶伸展不佳的豆子而花长时间烘焙，会造成烘焙过度。要让这种难以应付

想要深度烘焙A型咖啡豆时，第一次先采用极浅度烘焙，第二次采用深度烘焙。相反的，想要浅度烘焙时，第一次烘焙到第一次爆裂前停止，第二次稍微烘焙即可停止。然后是烘焙D型豆，想要深度烘焙则第一次采用浅度烘焙，第二次用稍深的烘焙度。想要浅度烘焙则第一次烘焙到第一次爆裂期前或者刚进入时停止。如此一来，D型咖啡豆特有的酸味就能被除去，成为清爽风味的浅度烘焙咖啡。双重烘焙当然也有缺点，但是好处较多，最大的好处在于，第一次烘焙时能够充分去除涩味。

的豆子照预定的方法使用浅度烘焙处理，就需依靠双重烘焙了。

双重烘焙可将水分去除，涩味去除，香气变薄，强烈味道变弱。也有人因此认为双重烘焙会让咖啡失去香气，使味道平淡。不过双重烘焙是调制味道时很重要的技术之一。

生豆的确不易烘焙，因此有人提倡将生豆储存几年去除水分，这种做法称为“养豆”。但不可能每次买来的生豆都经过养豆。

双重烘焙是将花费数年的养豆作业压缩在数分钟内完成的技术。

烹调中有一种称为“过油”或者是“泡油”的技术，也就是让食物通过热油的技术。为何会有这种技术存在？因为炒菜需以大火在短时间内完成，过油的用意，就是先让材料已有六到七成的热度，使各个材料的比热差异能够均等。接下来再加热将菜肴烹制完成。这种“过油”技术，就等同于咖啡烘焙中的“蒸焙”技术，也等同于双重烘焙中的“快速烘焙”（第一次烘焙），通过过油技术调整不同材料的比热差，使之均等。

双重烘焙绝不是什么困难的技术。第一次爆裂期之前停止第一次烘焙，完全冷却后再进行第二次烘焙。重点在于，咖啡的个性过强，缺点与问题过多时，第一次烘焙的停止时间就要越接近第一次爆裂期越好。有时甚至在已进入第一次爆裂期时才停止。另一方面缺点少的豆子只要烘焙五六分钟让它松软即可。

双重烘焙的豆子大多不会出现酸味与涩味，豆子表面也相当完美。因为豆子膨胀状态佳且不会烘焙不均。对于致力于咖啡销售的人而言，可称得上是不可或缺的技术。

上页照片中是A型到D型豆的浅度、中度、中深度、深度四种烘焙度的样子。基本法则是“第二次烘焙若要用深度烘焙，则第一次烘焙就用浅度烘焙；第二次烘焙若要用浅度烘焙，第一次烘焙就用深度烘焙”。

第一次烘焙与第二次烘焙的间隔最少要差距一天以上，让烘焙豆中心残留的热气散出比较好。如果间隔不够久，豆子表面与内部有温度差异，会造成烘焙不均而产生“芯”。

如果豆子烘焙到第一次爆裂期前停止，并完全冷却的话，放上2~3周都没问题。相反，若是停止时间太接近第一次爆裂期，则最好尽可能快地进行第二次烘焙。

5 烘焙操作入门

通过两种不同类型咖啡豆的烘焙来看实际的烘焙过程。重现相同味道的重点在于清楚的烘焙记录。由烘焙的第一步骤开始就必须制作咖啡豆的烘焙记录卡。

我制作咖啡都使用“单品烘焙”（单一品种咖啡豆烘焙），由第一次爆裂到意式烘焙阶段为止，每个烘焙度的咖啡豆皆取样，并进行杯测。当然也在烘焙记录卡上逐一记录下来，将变化过程相同的生豆分类，并活用这些资料，追求味道重现。

在此我们个别追踪在“系统咖啡学”上被归类为适合浅度烘焙的“A型豆”巴拿马SHB，和适合深度烘焙的“D型豆”坦桑尼亚AA的烘焙过程。

●巴拿马SHB

烘焙机／富士皇家（Fuji Royal）5千克烘焙机（半热风式）

烘焙量／4千克

生豆含水率／9.8%

（1）预热，也就是运转暖气。制气阀调整到“蒸焙”模式（全开的1/4位置），火力由弱火调至中火15~20分钟，排气温度250℃~275℃，让烘焙前温度上升至200℃，充分热锅。暖气运转完毕即熄火，等温度下降到预定温度之下再重新点火。

（2）锅炉温度达180℃时放入生豆。在能够掌握火力大小之前，一开始的火力设定建议用弱火。火力若过强，在第一次爆裂期之前就会发生烘焙不均。

（3）之后，排气温度调降至150℃左右，这段时间约3分钟。到此，制气阀都在“蒸焙”模式。第4分钟结束后，一口气将制气阀全开，一分钟内让微尘细屑排出。接着回到“蒸焙”模式。原则上到第一次爆裂为止制气阀都维持在“蒸焙”模式。

（4）这期间豆子颜色由开始的浅绿白色转为青白色，9分钟左右再转为土黄色。豆子松软，土黄色变深，继续蒸焙。蒸焙结束时青草味会转为芳香的气味，可以由此推测蒸焙即将结束。

（5）确认蒸焙结束（排气温度上升至200℃附近，豆子的中央线绽开的时候）后，将制气阀转至“烘焙”（全开的1/2位

巴拿马SHB的烘焙

①蒸焙过后豆子呈松软貌

②松软后突然紧缩的状态

③第一次爆裂前的状态

④第一次爆裂结束的状态

⑤第二次爆裂开始

表18 富士皇家烘焙机5千克的烘焙记录卡（巴拿马）

烘焙者	2007年 8 月 12 日 AM/PM 3 时 00 分		天气 ○ ⊗ ◎	气温 29.5℃
咖啡名称 巴拿马	烘焙量 4.0 kg	(R-5)·M-10 ⇒ 第 2 回	生豆水分 9.8 %	室温 28.7℃
目的 检查烘焙过程	烘焙程度 S☑	CpT 00 01 Ber Bst	Tipe D C B (A)	湿度 %

微压计0设定	0.75	1	2	3	4	5	6	7	8	9	10	11	12	13	14
	14	15	16	17	18	19	20	21	22	23	24	25	26	27	28

制气阀0设定	3	1	2	3	4 10	5 3	6	7	8	9	10	11	12	13	14
	14	15	16	17	18	19 5	20	21	22 8	23	24	25 10	26	27	28

中间点	第一次爆裂⇒		第二次爆裂⇒		结束	Cpt 00 01 Ber Bst
2分45秒	19分20秒	21分16秒	23分49秒	24分20秒	25分52秒	+ • — ⇒ . ″
烘焙 88	烘焙 179	烘焙 190	烘焙 203	烘焙 208	烘焙 218	NewRor
排气 146	排气 204	排气 218	排气 228	排气 229	排气 238	NewUse

	00	01	02	03	04	05	06	07	08	09	10	11	12	13	14
烘焙温度	80	108	98	89	94	102	108	115	120	125	130	135	140	145	
	14	15	16	17	18	19	20	21	22	23	24	25	26	27	28
	150	155	160	165	171	177	183	189	194	199	207				
	00	01	02	03	04	05	06	07	08	09	10	11	12	13	14
排气温度	181	154	150	146	148	155	158	161	164	168	171	175	178	182	
	14	15	16	17	18	19	20	21	22	23	24	25	26	27	28
	185	189	192	195	199	202	209	217	221	225	230				

温度设定 进豆⇒第一次爆裂⇒第二次爆裂⇒	①	③
制气阀设定 全开⇒蒸焙⇒第一次爆裂⇒第二次爆裂⇒		
204（豆） 228（排气） 23:52（时间）	②	④

表19 富士皇家烘焙机5千克的烘焙记录卡（坦桑尼亚）

烘焙者	2007年 8 月 12 日 AM/PM 2 时 34 分		天气 ○ ⊗ ◎	气温 29.6℃
咖啡名称 坦桑尼亚	烘焙量 4.0 kg	(R-5)·M-10 ⇒ 第 1 回	生豆水分 12 %	室温 28.7℃
目的 检查烘焙过程	烘焙程度 S☑	CpT 00 01 Ber Bst	Tipe (D) C B A	湿度 %

微压计0设定	0.8	1	2	3	4	5	6	7	8	9	10	11	12	13	14
	14	15	16	17	18	19	20	21	22	23	24	25	26	27	28

制气阀0设定	3	1	2	3	4 10	5 3	6	7	8	9	10	11	12	13	14
	14	15	16	17	18 5	19	20	21	22 8	23 10	24	25	26	27	28

中间点	第一次爆裂⇒		第二次爆裂⇒		结束	Cpt 00 01 Ber Bst
2分34秒	18分01秒	20分23秒	22分00秒	23分52秒	24分50秒	+ • — ⇒ . ″
烘焙 86	烘焙 178	烘焙 189	烘焙 198	烘焙 210	烘焙 218	NewRor
排气 147	排气 199	排气 216	排气 224	排气 234	排气 240	NewUse

	00	01	02	03	04	05	06	07	08	09	10	11	12	13	14
烘焙温度	180	106	98	88	95	103	110	117	123	129	135	140	145	150	
	14	15	16	17	18	19	20	21	22	23	24	25	26	27	28
	155	161	166	171	177	183	187	192	198	205	213				
	00	01	02	03	04	05	06	07	08	09	10	11	12	13	14
排气温度	184	155	150	148	152	157	160	164	168	171	175	178	181	184	
	14	15	16	17	18	19	20	21	22	23	24	25	26	27	28
	188	190	193	196	199	208	214	218	223	230	236				

温度设定 进豆⇒第一次爆裂⇒第二次爆裂⇒	①	③
制气阀设定 全开⇒蒸焙⇒第一次爆裂⇒第二次爆裂⇒		
206（豆） 231（排气） 23:24（时间） Best Point	②	④

置）模式。

（6）19分钟后，第一次爆裂开始。隔着厚厚的铁板可听到“啪叽、啪叽”的声音。甘甜味道传出，豆子开始膨胀。豆子由土黄色转为褐色。第一次爆裂约持续2分钟。制气阀维持一半的位置。皱褶开始产生。

（7）22分钟后，抓准时机打开“排气”模式（打开范围为2/3到全开）。排气模式在第二次爆裂期前进行，排出挥发成分与烟。

（8）23分钟后开始第二次爆裂。豆子会发出“霹叽、霹叽”的小小声音，膨胀成大颗粒，颜色稍带黑色。在第二次烘焙后的30~40秒间隔中，烘焙急速进行。第二次爆裂大约持续2分钟。这段时间烟与挥发成分大量排出。制气阀全开。

（9）豆子的颜色渐黑。终于进入意式烘焙阶段。25分钟后停止烘焙，打开冷却槽的搅拌开关，一口气让豆子落进槽中，制气阀转向“冷却”，开始冷却豆子。

※烘焙重点

A型的豆子比较软，因此不论烘焙技术多拙劣，只要火力不过大，都能烘焙均匀。经过爆裂后，豆子充分膨胀，颜色也均匀分布，容易判断烘焙停止的时机。几乎不会产生D型硬豆那样的黑色皱褶。

●坦桑尼亚AA

烘焙机／富士皇家（Fuji Royal）5千克烘焙机（半热风式）

烘焙量／4千克

生豆含水率／12%

（1）运转暖气预热。

（2）火力为弱火。制气阀转至“蒸焙”模式（全开的1/4处）。

（3）锅炉温度达180℃时放入生豆。随后排气温度下降至150℃左右，大约花费2分30秒。

（4）4分钟后制气阀全开，让微尘细屑排出。1分钟后再度将制气阀转回“蒸焙”。

（5）这段时间，豆子颜色由浓绿色转为土黄色，11分钟左右变为焦褐色。黑色皱褶产生，中央线白色的部分相当明显。脱水后，豆子收缩，体积达最小。蒸焙到18分钟左右，制气阀转至1/2的位置开始“烘焙”。

（6）18分钟后第一次爆裂开始，发出强有力的“啪叽、啪叽”爆裂声。豆子看起来大了一圈，但是皱褶还未产生。第一次爆裂大约持续2分钟。

（7）可以闻到甘甜芳香的味道。焦褐色变成浅褐色，再变成褐色，烟渐渐产生。在第二次爆裂开始前抓准时机将制气阀转为“排气”2/3到全开的位置。褐色加深，黑色皱褶渐渐消失，但表面仍旧凹凸不平。

坦桑尼亚AA的烘焙

①豆子松软的状况

②豆子脱水后萎缩的状况

③第一次爆裂开始前

④第一次爆裂结束时

⑤第二次爆裂开始时

表20 Meister烘焙机5千克的烘焙记录卡（巴拿马）

烘焙者	2007年 8 月 12 日 AM/PM 9 时 10 分		天气 ○ ⊗ ◎	气温 29.8℃
咖啡名称 巴拿马	烘焙量 4.0 kg	(M-5)·M-10 ⇒ 第 2 回	生豆水分 9.8 %	室温 27.4℃
目的 检查烘焙过程	烘焙程度 S☑	CpT 00 01 Ber Bst	Tipe D C B (A)	湿度 %

微压计0设定	0.95	1	2	3	4	5	6	7	8	9	10	11	12	13	14
	14	15	16	17	18	19	20	21	22	23	24	25	26	27	28
制气阀0设定	1.0	1	2	3	4 10.0	5 1.0	6	7	8	9	10	11	12	13	14
	14	15	16 4.0	17	18	19 7.5	20	21	22	23	24	25	26	27	28

中间点	第一次爆裂 ⇒		第二次爆裂 ⇒		结束	Cpt 00 01 Ber Bst
1分37秒	16分40秒	19分00秒	23分40秒	25分10秒	27分08秒	+ · — ⇒ . ″
烘焙 89	烘焙 178	烘焙 189	烘焙 204	烘焙 209	烘焙 212	NewRor
排气 183	排气 206	排气 206	排气 209	排气 212	排气 214	NewUse

烘焙温度	00	01	02	03	04	05	06	07	08	09	10	11	12	13	14
	180	92	92	103	112	120	127	132	138	142	147	151	156	161	
	14	15	16	17	18	19	20	21	22	23	24	25	26	27	28
	165	170	175	181	186	189	192	195	198	202	205	207	210	212	
排气温度	00	01	02	03	04	05	06	07	08	09	10	11	12	13	14
	230	188	181	179	179	174	178	182	185	187	189	192	194	197	
	14	15	16	17	18	19	20	21	22	23	24	25	26	27	28
	199	202	205	207	208	207	205	205	207	208	210	211	213	214	

温度设定 进豆⇒180 第一次爆裂⇒178 第二次爆裂⇒188	①	③
制气阀设定 全开⇒4'00"蒸焙⇒1.0第一次爆裂⇒4.0第二次爆裂⇒7.5	②	④
199 207 22:38 Best Point 豆 排气 时间		

表21 Meister烘焙机5千克的烘焙记录卡（坦桑尼亚）

烘焙者	2007年 8 月 12 日 AM/PM 9 时 50 分		天气 ○ ⊗ ◎	气温 29.5℃
咖啡名称 坦桑尼亚	烘焙量 4.0 kg	(R-5)·M-10 ⇒ 第 3 回	生豆水分 12 %	室温 27.0℃
目的 检查烘焙过程	烘焙程度 S☑	CpT 00 01 Ber Bst	Tipe (D) C B A	湿度 %

微压计0设定	0.95	1	2	3	4	5	6	7	8	9	10	11	12	13	14
	14	15	16	17	18	19	20	21	22	23	24	25	26	27	28
制气阀0设定	1.0	1	2	3	4 10.0	5 1.0	6	7	8	9	10	11	12	13	14
	14	15 4.0	16	17	18 7.5	19	20	21	22	23	24	25	26	27	28

中间点	第一次爆裂 ⇒		第二次爆裂 ⇒		结束	Cpt 00 01 Ber Bst
1分39秒	16分19秒	18分11秒	22分18秒	25分00秒	26分51秒	+ · — ⇒ . ″
烘焙 89	烘焙 181	烘焙 187	烘焙 200	烘焙 208	烘焙 213	NewRor
排气 181	排气 206	排气 208	排气 207	排气 211	排气 215	NewUse

烘焙温度	00	01	02	03	04	05	06	07	08	09	10	11	12	13	14
	180	92	93	103	114	123	130	136	141	146	151	156	160	165	
	14	15	16	17	18	19	20	21	22	23	24	25	26	27	28
	170	174	180	184	187	189	192	196	200	203	206	208	211		
排气温度	00	01	02	03	04	05	06	07	08	09	10	11	12	13	14
	227	187	179	178	179	175	179	183	186	189	191	193	196	199	
	14	15	16	17	18	19	20	21	22	23	24	25	26	27	28
	201	204	206	207	208	206	205	206	207	208	209	211	214		

温度设定 进豆⇒180 第一次爆裂⇒178 第二次爆裂⇒188	①	③
制气阀设定 全开⇒4'00"蒸焙⇒1.0第一次爆裂⇒4.0第二次爆裂⇒7.5	②	④
205 209 23:50 Best Point 豆 排气 时间		

（8）22分钟后，第二次爆裂开始，发出小小的“霹叽、霹叽”声。温度渐渐上升，烟与挥发成分大量产生。豆子带点黑色，皱褶终于充分伸展。第二次爆裂持续2分钟左右。

（9）23分钟后制气阀全开，排出烟与挥发成分。24分钟后全烘焙阶段停止。将烘焙好的豆子快速冷却。

※烘焙重点

坦桑尼亚或哥伦比亚这类肉厚质坚的D型豆，透热性差因而烘焙困难。采用中度烘焙，则膨胀性差，豆面上会残留黑色的皱褶。烘焙此型豆子的诀窍在于蒸焙的时间要延长，让黑色皱褶消失。完全脱水后慢慢烘焙到豆子中心。皱褶没有充分伸展开的，咖啡会香气少且味道重。

*　　*

这里提出的烘焙范例是两个极端的对比，但重点在于两者都是“第一次爆裂前” 的豆子。也就是只要把蒸焙中（第一次爆裂期前的脱水阶段）的豆子拿来相比，就可以知道哪一种是淡口味咖啡，哪一种是重口味咖啡，判断标准是颜色、膨胀度与黑色皱褶三项。

巴拿马这类长型平豆能够充分膨胀，几乎没有黑色皱褶；而坦桑尼亚属于短型圆豆，透热性差因而布满黑色皱褶而且酸味强烈，味道厚重。

由烘焙记录卡便可得知烘焙温度与排气温度。放入生豆后，锅炉的温度一度下降，随后又再度上升，温度上升曲线呈抛物线状缓缓向上。

有些人会在第一次爆裂开始后调降火力，第二次爆裂开始时又再度调降一次。这些人恐怕用的是火力过强、排气能力过高的烘焙机吧！火力应该尽可能维持一定，以制气阀进行微调即可。

如果在第一次爆裂之后调降火力，膨胀的豆子会收缩，使得烟与挥发成分因为内压而无法排出，这就是造成烟熏味的原因。最理想的状况是尽可能不要调整火力。

增加燃烧器或者排气用风扇等做法只会让烘焙手续更繁复，对操控过程有百害而无一利。

6 停止烘焙的秘诀

烘焙中最主要的就是停止烘焙的技术，如能正确停止烘焙，就会跨入创造咖啡风味的世界。停止烘焙的基准是什么呢？又该如何停止呢？我们一起来看看。

■停止烘焙的重要性

如果能够顺利达到自己所预估的烘焙度，又能刚好在最佳时间点上停止烘焙，这是多么美好的事啊！实际上，存在一些烘焙不均是正常的，而能在最佳时间点停止烘焙更是梦想中的梦想，不可能如你所愿那么顺利的。学习烘焙技术时必须要学会的技巧，就是不论在什么状态下都能正确停止烘焙。若学不会这点，就学不会火候与制气阀的调整，也无法进入创造咖啡风味的殿堂。

决定咖啡味道的主要因素多半在于烘焙度。这点我已经再三强调。烘焙停止的时机不对、烘焙度稍有偏差，咖啡的味道就不是正常的味道。而制出的咖啡在喝的时候发现摩卡不是摩卡、综合咖啡不是综合咖啡，更没有资格称为咖啡专家。

另外，如果不能正确停止烘焙，就无法以火候或者制气阀调整味道。若无法掌握改变味道的方法，就无法制作出想要的咖啡味道。

这里再提一次到烘焙完成为止的过程。首先是第一次爆裂，在第一次爆裂结束前豆子一般都有强烈酸味且涩味未除，因而喝起来不顺口。第一次爆裂结束的阶段为中度烘焙，烘焙继续顺利进行的话，大约2分钟后会开始第二次爆裂，由第二次爆裂起就进入中深度烘焙（城市烘焙～深城市烘焙）阶段。

第一次爆裂开始到结束约2分钟，到第二次爆裂开始的间隔约2分钟，第二次爆裂开始到结束约2分钟，第二次爆裂结束就进入深度烘焙（法式烘焙～意式烘焙）阶段。进入深度烘焙，豆子的油脂成分被烘焙出来，颜色变成带有光泽的黑色，苦味也增强。

以上是大致的流程。越到后面几分钟越难把握对烘焙停止的时间点，特别是第二次爆裂前后的味道与颜色变化激烈，仅仅几秒间的差异，味道就会完全不同。再加上烘焙中的豆子离火后锅里或者豆子本身还有余热，没有立刻冷却，烘焙就会继续进行，因此必须连余热的部分也算进去，才能找到正确停止烘焙的时间点。

■正确停止烘焙的基准

烘焙时要以哪一点为基准判断正确停止烘焙的时间点呢？我将可以作为判断基准的项目列举如下：

◎豆子温度

◎豆子颜色

◎香气

◎声音

◎豆子形状

◎烘焙时间

◎豆子光泽

这些项目中最重要也最可靠的是哪一项？

表22　巴拿马的烘焙过程表

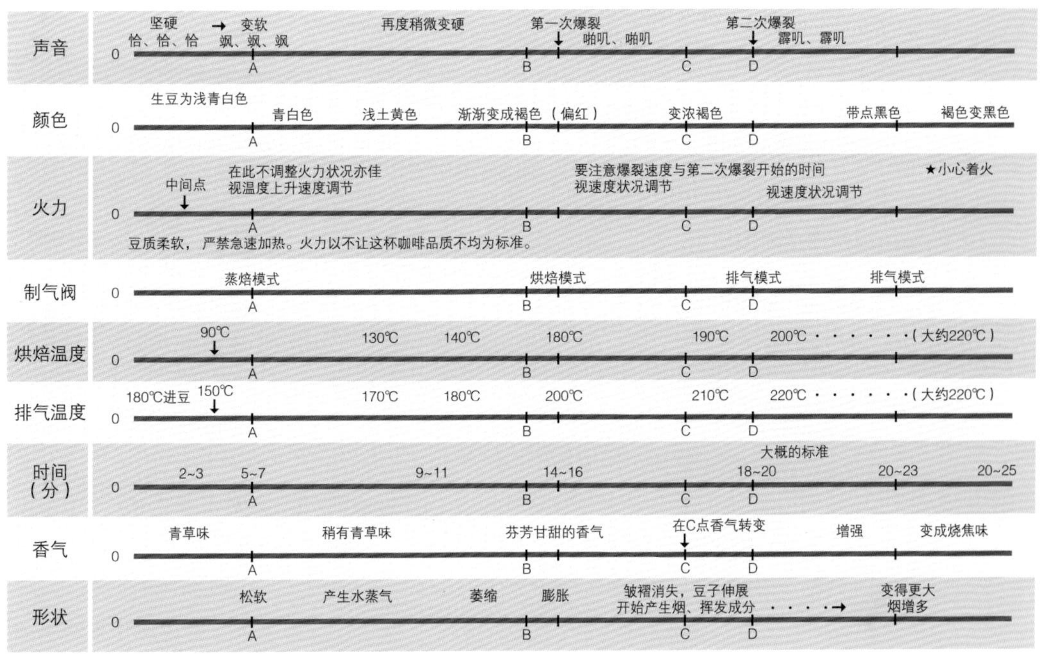

表23　坦桑尼亚的烘焙过程表

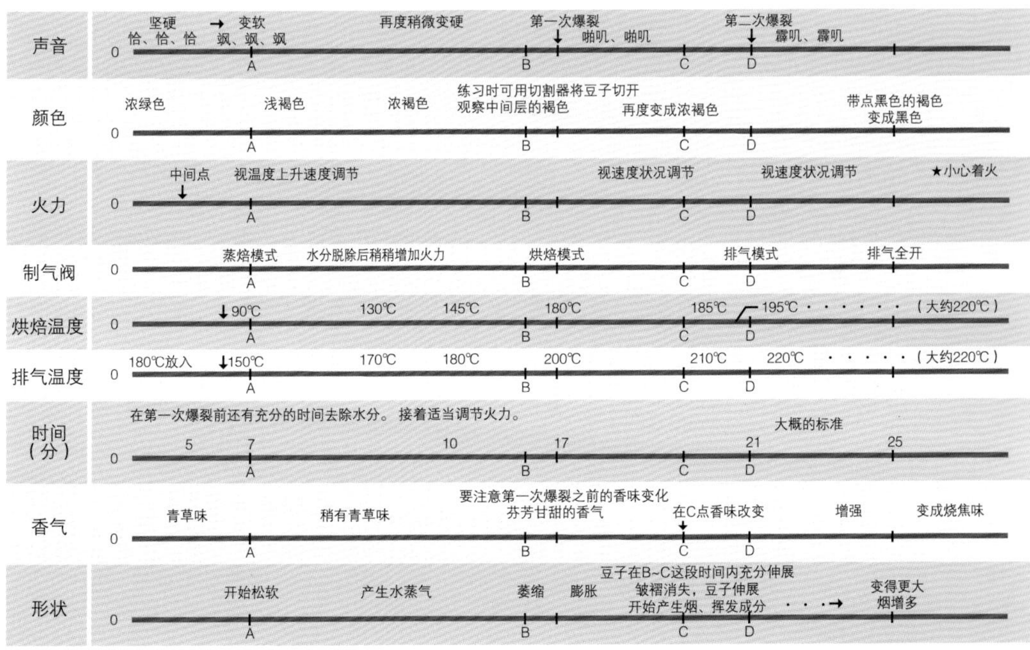

A：松软
B：第一次爆裂前
C：第一次爆裂结束
D：进入第二次爆裂
A~D对应97、99页的照片

●浓缩咖啡吧

（Espresso Bar）

被称为“西雅图系列”的咖啡吧也是浓缩咖啡吧的一支。20世纪70年代开业的星巴克（Starbucks）是其代表之一。创业之初还只是小规模的公司，由只有五间店面的小公司成长至全美国前几名大企业是1987年一位名为霍华·雪兹（Howard Schultz）的企业家买下之后。90年代它更是以令人惊异的速度成长。

浓缩咖啡吧（或称特浓咖啡吧）所销售的是称作“Dark Roast Coffee”的深度烘焙咖啡，但它的烘焙深度是属“深城市”，而非“法式”或“意式”，属于“中深度烘焙”（这是我认为最能让咖啡散发出丰富香气与味道的烘焙度，经过“第二次爆裂”阶段）。

在美国最支持咖啡吧的是知识分子阶层的年轻精英。过去他们喝的都是一杯50~75美分的美式咖啡，而现在他们的喜好由浅度烘焙转而倾向深度烘焙。美国媒体称这种现象为“咖啡复兴”。

为何会兴起这种现象，原因众说纷纭，其中之一是与20世纪80年代后期美国经济长期景气有关系。消费

（下接105页）

物理学有一个定律叫“功等于作用力与物体运动距离的乘积”，若将这项定律套用到咖啡烘焙上，温度（火力）与烘焙时间的关系，简单地说就是“高温烘焙则时间短，低温烘焙则时间长”。

依据这一温度与烘焙时间的关系，若能将温度固定在某个程度，就能自动估算出烘焙时间，也就能抓准烘焙停止的时间点。这种想法乍看之下好像没错，实际上却不可行。因为每一锅的余热变化不同，且冬天、夏天的基础温度也不同，还有每一回烘焙的豆子量也不同。相同火力下豆子量少当然烘焙时间就短了。光是以时间作为判断烘焙停止的标准是行不通的。

那么以“声音”判断呢？确实，第一次爆裂与第二次爆裂的声音可以明显区别，但其中也有些小豆子爆裂较早，果肉厚的大豆子不易爆裂的问题。再加上爆裂声音有大有小，千差万别。个别差异太多会导致取得平均值不易，因而也无法作为基准。

“颜色”倒是可以参考的因素，也是最重要的因素。为什么可以用颜色判断呢？因为只有颜色这点是不论发生什么变化，都必然会变成某个固定颜色。也就是说，变化的时间或许不同，但变成的颜色一定相同。这项原则可推及于各种咖啡。若没有这项原则，则烘焙度的概念没有任何意义。

如果像古巴或巴拿马咖啡一样，以单纯的方式烘焙，颜色变化就会相当标准。但若像曼特宁一样，颜色变化没有固定规律：一开始是深色，豆子一膨胀就变成灰色，让整体颜色看起来较淡，接着又变成褐色，再继续进入深度烘焙阶段时，豆子变成黑色。而且这黑色是多黑的黑色呢？只有表面是黑色吗？变成黑色要花多久时间呢？有时只用颜色无法判断烘焙度进行的状况。

每种咖啡或多或少都有这种情况，仅以“颜色”判断正确的烘焙停止时间会产生失误，这时就必须靠“时间”这项次要因素的帮助。这样一来，由哪种颜色开始？花了多少时间变化？当火力固定时，该烘焙到什么程度？这些问题都能够得到某种程度的预测结果。

但是次要因素仍旧是次要因素，主要还是得仰赖“颜色”为判断基准，再加上固定的次要因素“形状”与“光泽”。也就是说，最重要的是“颜色、形状、光泽”，光靠这三者无法作出判断时，再加上“豆子温度”、“香气”、“声音”、“烘焙时间”等次要因素作为判断依据。“烟的产生方式以及量”也可以作为次要因素，因为进入深度烘焙阶段，能够依据烟产生的方式大致预测烘焙进行的状况。

■咖啡豆的“爆裂”

这里稍微离题一下，谈谈“咖啡豆为何会爆裂”。几乎所有的豆子都会经过两次爆裂。假设此咖啡生豆品质均一，理论上在同样的烘焙条件下，锅中的豆子会同时爆裂，同时发出一声爆裂声便结束。

然而事实上不管豆子品质多么一致，爆裂至少会持续2分钟。这代表什么？这表示在外表上看起来已经一致的豆子，实际上还有品质不均的地方。

像古巴或者哥伦比亚这类品质稳定的豆子，一发出爆裂声就开始进行爆裂，然后声音渐小。主要由“渐强”（cresc.）变成“渐弱”（decresc.）。但是譬如摩卡这类品质不均的豆子，一部分很早就发出爆裂声，让人以为第一次爆裂开始了，等了一阵子却才开始进入第一次爆裂，且爆裂时间相当长。由此可看出豆子的品质差异有多大。

此时最重要的是先停止继续烘焙这些爆裂豆。如果不这么做，豆子会带着第一次爆裂时的不均进入下一个烘焙程序，即使外表上看起来烘焙平均，事实上里面却掺杂了烘焙度不同的豆子，这样就会使咖啡的味道变重。

豆子是松软的、紧缩的、膨胀的，这些外表上的“形状”较容易有个标准，但是“光泽”这点该怎么办？将“光泽”想为“油光”应该较好理解。通常咖啡豆在第一次爆裂结束前后，油脂成分就会出现在豆子表面而发出“油光”。新豆等较快产生油脂，这些油脂的量与渗出的速度也是判断烘焙停止的标准。

■练习停止烘焙

停止烘焙的判断标准是“颜色、形状、光泽”。了解这些后，我们就来练习最容易观察颜色、形状变化与光泽状况的中度到中深度烘焙吧！

这个阶段的咖啡经常被用来作为商品销售，因为布满皱褶、表面凹凸不平的豆子已经充分膨胀且产生光泽，颜色也由橘色变成褐色，并且渐渐偏黑。这个阶段的烘焙度比较便于观察它的变化。

由此阶段进入深度烘焙后，就很难依据“颜色、形状、光泽”判断。从“颜色”来看，豆子已是全黑，无从判断；从“光泽”上看，已过了差异明显不同的阶段，油脂已布满豆面。再加上过了第二次爆裂期豆子皱褶四起，膨胀得厉害，也无法从“形状”判断了。因此深度烘焙阶段不适合用来练习停止烘焙。

要清楚判断豆子颜色的差异必须具备什么条件？就是以下两点。

1. 颜色记忆

2. 样本

在说明这两点之前，我先稍微谈谈烘焙室的照明问题。烘焙室必须够明亮，而且光源不能采用日光灯，应该使用白炽灯，折射灯更好。折射灯在灯泡内侧装有铝制反射镜，光源范围广、效率高。

为什么不能使用日光灯？首先阴影对比不够就难以产生立体感，还会把咖啡豆的颜色全看成是蒙了层灰的黑色。不易产生阴影，豆子无立体感，形状变化就难以判断，表面的微妙凹凸也难以分辨。

（上接104页）

需求若不够高，一杯2美元的咖啡就不可能卖那么好。其他原因还有商品与店内装潢的吸引力等。

日本的咖啡店和餐厅欠缺的就是像星巴克一样的“品牌建立”，以及“顾客本位”的思考方式。星巴克可以依照个人喜好选择要低脂牛奶或无脂肪牛奶，也可以调整温度或量，还可以自由选择是否追加糖浆与鲜奶油。

另外，星巴克采用的咖啡豆总体来说都是优质品，这也是过人之处。该公司的生豆采买相当严格，只选择筛网15号以上的豆子，并彻底清除瑕疵豆。

这里以哥伦比亚新豆为例。此豆属不易产生皱褶的硬豆，对于烘焙者来说是极富挑战性的豆子，在第二次爆裂后半期豆子表面才会产生些微凹凸，在此时停止烘焙的话，就能得到味道平衡感极佳的咖啡，但这些细微的凹凸在日光灯下是看不到的，结果往往会一直烘焙到皱褶满布才停止。

烘焙的基本要求是让豆子生出皱褶，充分膨胀，但并非只要生出皱褶就好了。哥伦比亚咖啡豆烘焙到满是皱褶时味道会偏苦，在日光灯下是无法根据这些微妙的征兆判断是否应该停止烘焙的。

回到前面的话题。第1项是“颜色记忆”。多数人不靠颜色记忆而是以第2项的“样本”为判断依据，但样本也不见得可信。如果样本色的烘焙度是味道产生激烈变化时的颜色，其他豆子即使烘焙到相同颜色，味道也不会和样本相同。

烘焙豆的颜色会随着时间产生油脂而变黑，难以分辨豆子的原色，再加上采用中度到中深度烘焙的豆子随着时间越长颜色会愈深，遇上湿气豆子会更黑。若误以为同一种咖啡颜色就应该那么深而继续烘焙，也就是说，为了要跟样本的颜色一样而继续烘焙，可就大错特错了。因此必须事先记录豆子随时间产生的变化，才能判断停止烘焙的时间。

这时就必须依赖“颜色记忆”。我通常一烘焙完毕就立刻进行手选。因为一次烘焙的豆子约4千克，要将烘焙刚刚结束的豆子颜色用眼睛记下来是可行的。将咖啡豆刚烘焙好的颜色牢牢记住，就能判断样本颜色因为时间产生了怎么样的变化。

另一方面，也有人使用印制的颜色样本，这些颜色不外乎是人工制造，与实际颜色吻合的情况少之又少，所以最好的方法是定期更换新的烘焙豆样本。

■咖啡豆的状态与停止烘焙的时间点

前面我已经提过咖啡豆为什么会爆裂。不管是品质多么均匀的豆子，实际摆上火炉大约都会持续爆裂2分钟，也就是说，“2分钟的爆裂等于2分钟时间的品质不均”。

同样的咖啡中也有成熟度较高、较柔软、膨胀状态佳的豆子，也有未成熟、水分含量多、延展性差的豆子。这里要请读者记住，“锅中同时存在着先爆裂膨胀的豆子，以及2分钟后才开始爆裂的豆子”。

一边是颜色、形状、光泽都像样本一样的烘焙豆（称之为A）；一边是充满皱褶、中央线未绽开的豆子（称为B）。将两种豆子以相同火力与时间加热，就可明显看出品质不均的情况。应该如何将这些不均匀的豆子烘焙到预定的烘焙度呢？

假设我们只以“颜色”作为判断停止烘焙的基准，若以A的颜色

●咖啡与砂糖

有人说精通咖啡的人就要喝黑咖啡，但事实上喝黑咖啡的只有日本人，欧美国家或者咖啡生产国喝咖啡都加牛奶或砂糖，或者香料、利口酒。喝黑咖啡的被认为是异类。

谈到砂糖，最适合咖啡的是精制细砂糖，砂糖精制的纯度愈高，甜味愈清爽，因此精制细砂糖最适合咖啡使用。另外一些味道强烈的砂糖就不适用。

砂糖具有掩盖涩味与酸味的作用。加入酸味过强的浅度烘焙咖啡中，砂糖具有缓和作用。另外还有咖啡加盐不加糖的说法。19世纪的法国文豪巴尔扎克喜欢咖啡到甚至出了本《当代兴奋剂考证》，但他却是在咖啡中加入粗盐饮用。我也试过这种喝法，原以为会是咸的咖啡却意外地相当甘美顺口，巴尔扎克果然是“慧眼识英雄”。

决定烘焙停止，则B豆还有2分钟才会达到这种颜色，结果整体的烘焙度会变得比想象中浅。假设以B豆的颜色为准，以为豆子表面覆满黑色皱褶就是烘焙够了而停止，这样会做出烘焙度更浅的咖啡。

在A和B之间还有各种情况的豆子，有透热性差的豆子也有透热性好的豆子，有未成熟的豆子也有成熟的豆子。具体的情况整理如表24所示。

表中正在进行烘焙的豆子依形状分为1~5类，可以把它们想成是同一个锅中有1~5类豆子。主要是1~3这三种，5则介于1、2之间，4则介于2、3之间。1~3类的豆子说明如下：

1. 中央线笔直延展开来。
2. 中央线扭曲，残留皱褶，稍微有些尺寸不合。
3. 中央线与皱褶无法区分，皱巴巴的。

由此表可得知，哪种豆子占的比例较多，就能决定咖啡的酸苦倾向。

以取样勺观察豆子的颜色，占了50%的1和5已到达可以停止烘焙的颜色了，而另外50%的2、3、4还未到达，这样一来就必须将4烘焙到2或5的颜色才能停止烘焙。如此味道的平衡才会格外出色。

我不断重复，咖啡烘焙度愈浅则酸味愈强，愈深则苦味愈强。考虑酸味与苦味间的平衡而把2烘焙到1、5的程度才停止的话，3与4是25%的酸味，酸、苦味平衡中间值的2和5占45%，剩下的1是30%的

表24　烘焙停止的时间点

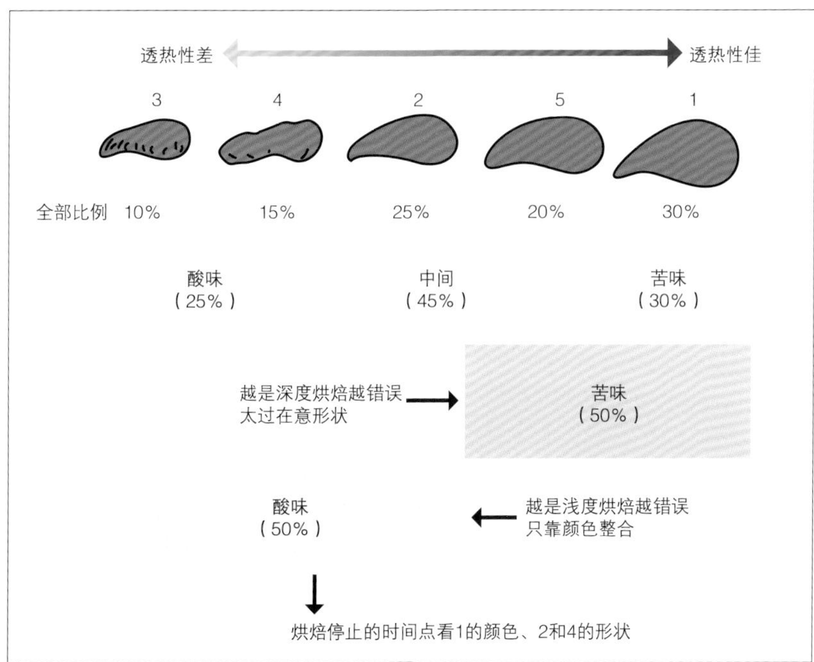

浅度烘焙、深度烘焙与最佳烘焙停止时间点（Best point）。倾向（a）会增加二到三成苦味，倾向（c）则以微妙的酸味取胜。基本上（a）~（c）皆属烘焙的“最佳时间带”，在这个时间带内都可以自由停止烘焙。原则上A型的（a）与B型的（c）味道与色泽相近。

苦味。

在这里终究是纸上谈兵，真正实践起来没那么容易。想要烘焙到与1、5相同颜色时就看4，当4烘焙到与2相同的膨胀度、皱褶消失时就可以停止烘焙。理论上这种做法的味道误差最小，但是，与其挥汗如雨地不断寻找最适合的烘焙停止时间，还不如一开始就选购品质均等的豆子。

■停止烘焙的最佳时间带

上面的照片是将烘焙停止点假设为A到D四类型（请参照“系统咖啡学”）。横向是A到D四类型，纵向的（a）、（b）、（c）表示停止烘焙时机的容许范围：中央的（b）是最佳烘焙停止时间点，上面的（a）是稍微烘焙过头的豆子，下面的（c）是稍微烘焙不足的豆子。

照片中的第一行是多烘焙了几秒钟（5秒左右）的咖啡豆，光是多烘焙这几秒苦味就增加了。相反的第三行是少烘焙了几秒钟（5秒左右）的咖啡豆，仅仅这几秒就会使咖啡倾向酸味。

要在正确的时间点停止烘焙最为困难，也可以说是不可能的。因此我将（a）到（c）的容许范围称为“最佳时间带”。“最佳时间带”的范围依烘焙度而异，大致上第一次爆裂期之后约15秒的时间内皆属于容许范围。

无论如何，“颜色、形状、光泽”是三大要素，最重要的是“颜色”。颜色有明显变化时，不要犹豫，停止烘焙吧！初学者倾向于观察豆子“形状”，待皱褶出现才停止烘焙，这样会烘焙过头。太注意豆子反而容易出错。

首先观察豆子大致的“颜色”，快速判断停止烘焙的时间，不断反复这个步骤并配合上“形状”、“光泽”，以及其他两项次要因素。至于最终的味道判断，就交给杯测了。

●聪明的咖啡豆保存法

或许你会以为咖啡豆经过烘焙后水分已全数脱去，事实上烘焙豆还保有1%~1.2%的水分，并残留有7.9%左右的脂肪。除此之外，豆子中还含有蛋白质与碳水化合物等成分。

因而保存烘焙豆必须多方考虑：将豆装入纸袋中，随手放置于接近天花板或地板等地方是不行的，潮湿的地方会让豆子渐渐氧化。一般来说，温度每上升10℃氧化的速度就会增加一倍。

我们经常看到茶馆或咖啡豆专卖店将豆子放在店外销售，却没注意紫外线与日光直射对豆子的伤害。这对毫不知情的顾客实际上是一种伤害。咖啡要在烘焙后两周内使用完毕，保存环境再好最多也只能放到20天（常温保存），希望大家记住这点。

7 杯测的方法

不论烘焙、取技术如何优秀，倒入杯中的咖啡品质粗糙，则一切都是空谈。在此我来介绍新、旧杯测法。

■用来最后确认咖啡味道的“杯测”（Cup Testing）

一个人无论嘴上说得多么好，说自己拥有怎样卓越的技术，最重要的都是杯中咖啡的味道。如果那咖啡味道相当低劣，那么理论与技术都是空谈。

最后确认咖啡味道的手续称为“杯测”，但是这道手续可不是随便试试而已。“这杯咖啡酸味太强了”这样主观的判断与感想会使人摸不着头脑，无法让人想到如何改善烘焙。

为何会产生强烈的酸味呢？直接追究原因，就必须从烘焙过程的第一步开始，这里就可看出烘焙记录卡（请参照98、100页）的重要性了。没有作烘焙记录的话，即使烘焙出理想的作品，下一次要再烘焙出同样东西就没有参考依据了；另外，什么地方做出怎样的改变能有怎样的变化，也就没有客观的依据了。

经常有人问我关于生豆的问题，我回答时都会附上生豆、烘焙豆两者样品的烘焙记录卡，以及杯测记录卡。如此一来究竟问题出在哪里便可一目了然。这就是杯测需配合烘焙记录卡的原因。

■各式各样的杯测法

“杯测”（Cup Testing，或称为Cupping、Tasting等）有各式各样的方法，由于国际上并没有统一的规则，因此生产国、消费国、企业或者个人都可依据各自的情形选择适合的杯测方式。不过大致上的方式皆是以“巴西式”为基准衍生出来的。

那么，什么是“巴西式杯测法”呢？我们一起来看看吧！

●巴西式杯测法

首先将烘焙好的咖啡中度研磨，取10克放入杯中，注入150毫升的热水。咖啡的烘焙度是“焦糖化测定器”（Agtron，请参照59页）数值的65左右，约属“肉桂烘焙”（在美国则属浅、中度烘焙）的程

表25 采购生豆专用的杯测表

目的 杯测	烘焙度 4.0	2008年 月 日 星期
咖啡名称 巴拿马	烘焙完成后	第123456789天
萃取方式 滤纸	萃取温度 83℃	器具 10g 150ml

项目	1	2	3	4	5	备注	项目	1	2	3	4	5	备注
酸味				○			圆润					○	
苦味			○				发酵味						无
甜味				○			发霉味						无
香味					○		土味						无
涩味	○						刺舌味						无
浓味			○				混浊度						无
醇厚度				○			不均度		○				
平衡度					○								

所见

度。“Agtron”是美国主要使用的烘焙度指标，以特殊的色差仪测量烘焙度。

接着，将浸入热水中的咖啡粉用汤匙搅拌，闻闻香味。下一步是去除泡沫，以试匙舀起一匙咖啡液送入口中。为了确认咖啡液的瑕疵，将液体吸入上颚，让咖啡液在口中呈雾状散开。这种方式不太优雅，但是这么做可以确认异味。

表26　专业人员味觉训练专用的杯测表

姓名　　2008年　月　日

咖啡名称　巴拿马　目的　杯测　烘焙度　4.0

萃取方式　滤纸　10g　150ml

项目	1	2	3	4	5	6	备注
苦味			○				
酸味				○			
甜味				○			
涩味							无
风味					○		
液体色泽					○		
形状						○	
烘焙度				○			

所见

根据这一连串的感官审查后将咖啡分级，分级的基准是“温和（Soft）、艰涩（Hard）、碘味”三项。“温和”是指具有柔顺且优雅的酸味和浓厚的醇度，“艰涩”是指像柿子一样的涩味，“碘味”就是石碳酸之类的味道。再由这三项细分出的级别我在第2章已经介绍过了。

以上是巴西式杯测法的感官审查，不过最近这种方式已经不流行，原因是消费国（特别是美国）认为：“巴西的评价标准并不能得知与咖啡美味相关的风味特征与优点。”

巴西并非不知道消费国的评语，他们也有话要说。原因在于巴西的杯测方式主要目的是为了找出瑕疵味，原本就不是为了评价咖啡个性与优点的系统。用巴西式杯测法找出瑕疵点然后分级的方式，称为“消极性杯测”（Negative Testing）；相反的，以正面评价咖啡特性、个性的方式，称为“积极性杯测”（Positive Testing）。

表27　烘焙技术专用的杯测表

目的　杯测　烘焙度　4.0 ±　2008年　月　日　星期

咖啡名称　巴拿马　烘焙完成后　第123456789天

萃取方式　滤纸　萃取温度　83℃　器具　10g　150ml

项目	1	2	3	4	5	备注	项目	1	2	3	4	5	备注
苦味			○				有芯						（全体）无
酸味				○			有芯						（较快的）无
涩味						无	有芯						（较慢的）无
甜味				○			烘焙不均						（全体）无
风味					○		烘焙不均						（单颗的）无
醇厚度			○				液体色泽					○	
口感				○			浓度			○			
平衡（滑顺度）					○		烟熏味						无

所见

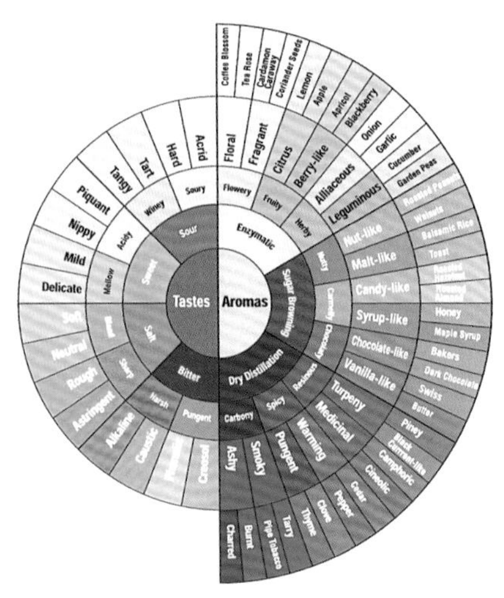

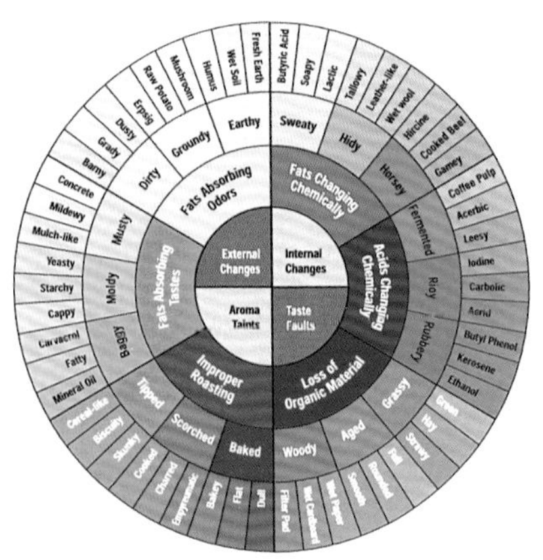

图17　咖啡杯测的味环

●此图称为“咖啡杯测味环”，由“咖啡香味评估表”（上）与“咖啡香味缺陷表”两张组成。所有的香味用语均由SCAA杯测委员决定，每种味道皆有严格的定义。
（http://www.scaa.org/index.cfm?f=h）

两种方法各有其目的与用途，但今日已是高品质精品咖啡登场的时代，过去那种寻找瑕疵点的负面评价方式已经缺乏意义，取而代之，积极评价咖啡个性与香味的方式才是时代主流。

身为巴西咖啡最大进口国家的美国已将评价方式由“消极性杯测”改为“积极性杯测”，巴西也被迫大幅修正它的评价基准。原本以最普通的商业咖啡作为国际交易市场主力的巴西经过几次实验失败后，终于将“Cup of Excellence（COE，优质咖啡）”的评价方式通过巴西的生产企业传到全世界。由此可见“积极性杯测”方式着实已成为主流。

巴西式的感官审查普遍适用于世界的多数消费国。杯测所使用的烘焙度设定为“肉桂烘焙”，因为这个烘焙度能够确实预测出浅度烘焙与深度烘焙时的味道变化。咖啡随着烘焙度愈深，挥发的成分愈多，味道会改变，因此选择成分挥发前的烘焙度，也就是以浅度烘焙来作杯测。

事实上还有另一个原因。巴西咖啡的最大进口国是美国。美国进入20世纪80年代后是浅度烘焙，也就是美式咖啡的全盛期。生产国巴西在杯测时会配合美国的习惯使用浅度烘焙也是理所当然的事。如果当时美国的烘焙方式是更深的，那么巴西的杯测烘焙度必然更深。

但是我们认为，将适合浅度或者肉桂烘焙的咖啡改用法式或是意式烘焙并列入菜单，是相当冒险的事情。因为即使浅度烘焙后风味绝佳，也并不表示该咖啡适合深度烘焙。

因此杯测不一定要统一采用巴西式杯测的肉桂烘焙度，适合深度烘焙的咖啡杯测时还是使用深度烘焙较佳。

生豆浅度烘焙后可以清楚发现它内含的瑕疵味。与未成熟豆等一旦深度烘焙就和普通豆子一样难以判别不同，浅度烘焙可以轻易从外表上分辨出它们的不同。

对于第一次使用的生豆，我首先会用浅度烘焙，然后杯测，味道好的话就将它烘焙到预定的烘焙度，再一次杯测。浅度烘焙的杯测具有相当的优势，但是光是知道瑕疵味，并不代表了解整体的味道。不论何种咖啡要进行杯测，最好将它烘焙到第二次爆裂期，因为在第二次爆裂的前期，会产生丰富的香味与美味。

虽然SCAA（美国精品咖啡协会）的香味评价采用Agtron50左右

①闻闻咖啡粉的香味

②将热水倒入咖啡粉中

③闷蒸约3分钟

④咖啡粉呈圆丘状膨胀突起，用汤匙切开并闻香

⑤搅拌，用汤匙将泡沫消除

⑥观察液体颜色

⑦吸入口中，使咖啡液在口中呈雾状散开，确认香味

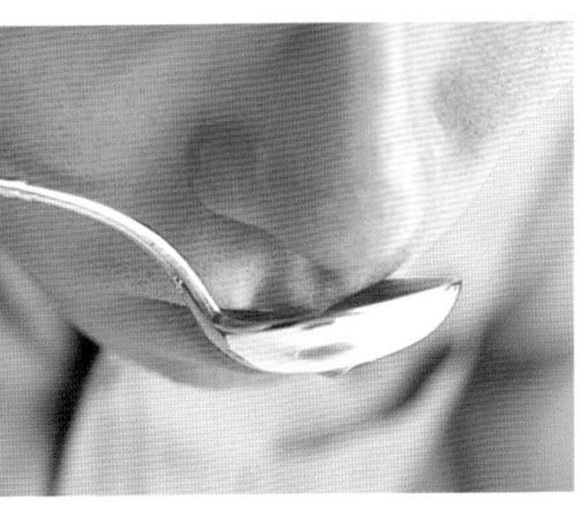

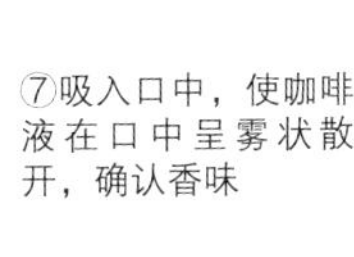
⑧吐出测试过的咖啡液，再进行另一种咖啡的测试

①装热水的细嘴壶
②用来吐掉咖啡液的杯子
③咖啡粉
④汤匙
⑤清洗汤匙用的水

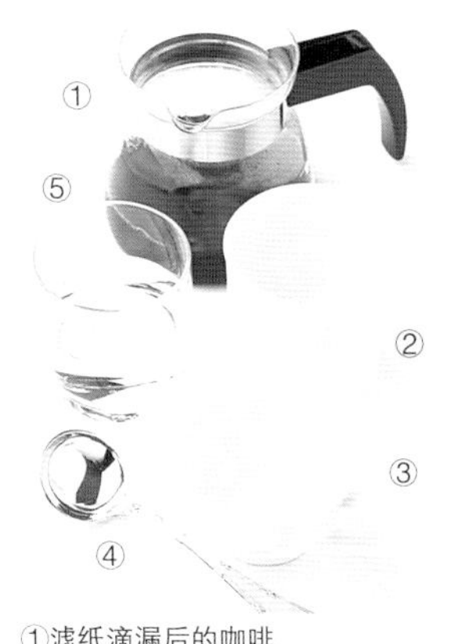

①滤纸滴漏后的咖啡
②用来吐掉咖啡液杯子
③检测用的杯子
④银匙
⑤清洗汤匙的水

（城市烘焙）的烘焙度，但是咖啡的丰富风味没有进入第二次爆裂期是不会出现的。希望各位能够了解这一点。

以下是SCAA与我的杯测手法比较。

●SCAA式的杯测方法

杯中放入中度研磨的咖啡粉（约8克），摇晃一下闻闻香气（Fragrance）。注入150毫升的热水蒸煮3分钟。将膨胀成圆丘状的咖啡粉层以汤匙切开。此时将鼻子凑近杯子，闻闻刚煮好的咖啡香味（Aroma）。

接下来用汤匙将咖啡液上层的泡沫除去，稍微静置一下，再用汤匙舀一匙咖啡液，将咖啡吸入口中，使咖啡液在口中呈雾状散开。确认过香气后将咖啡液吐出。依序评价咖啡稍热时、稍冷时、冷却后的咖啡味道。要评价的项目如下：

◎干香气Fragrance（咖啡粉的香味）

◎湿香气Aroma（咖啡液的香味）

◎甘甜Sweetness

◎清爽的酸味Acidity

◎风味Flavor

●我的杯测方法

准备中度研磨的咖啡粉10克，约85℃的热水150毫升，以一般的滤纸滴滤法制作出一人份的咖啡。将萃取出的咖啡液注入杯中，以试匙杯测，测验完后的咖啡液即丢掉，进行下一次杯测。

*　　*

虽然差别不大，仍可明显看出我的杯测方法与巴西式或者

①闻香

②观察液体颜色（特别是光泽）

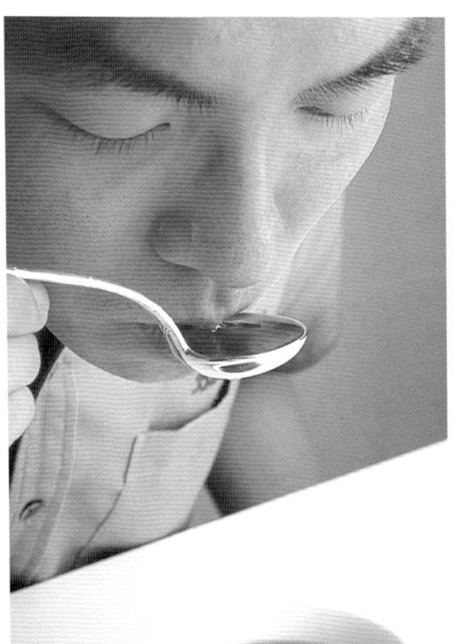

③将咖啡液吸入口中，使咖啡液在口中呈雾状散开，确认香味

④吐出杯测后的咖啡液

SCAA式的不同。主要差别如下：

1. 烘焙度在二次爆裂以上

2. 使用萃取器具

3. 确认项目少

巴西式杯测是对含有瑕疵豆的咖啡进行测试，再依此判断是否属于可以出口的范围。但是我的杯测方法一开始就先手选过了，因此不会测试到瑕疵豆的味道，故杯测的项目较少。

比起瑕疵味的确认，我们主要的着眼点应放在味道的平衡上，这对于开店比较有实际的意义，再加上不需要什么特殊的器具或设备，无论何时何地都能进行杯测，这也是我的杯测方法强过其他种类杯测方法的地方。杯测最重要的是能不断进行，因此方便性很重要。

我的杯测方法中，以下几个项目是初学者必须要学会判断的。

◎苦味

◎酸味

◎甜味

◎涩味

◎风味

◎浓度

“风味”用“香味”表示也可以，风味主要是指含在口中时的味道。鼻子闻到的味道与含在口中的味道明显不同。

说到“浓度”或许有点难以理解，事实上使用同样分量的咖啡粉萃取出的等量咖啡液，也会有口感浓厚或者清淡的不同。

SCAA式杯测的评价项目中有一项“醇厚度”（Body），这项测验方式是将咖啡瞬间滑过口中喝下，再来评断它在口中的触感。而我所谓的“浓度”是更深入的东西，因为浓厚度或者黏稠度等口感，都是来自喝咖啡液中含有的油脂成分、纤维成分、蛋白质，这些成分融入咖啡液的部分少，咖啡味道就会偏清淡。

三种杯测方式相比，最显著的不同在于“使用萃取器具”这点。巴西式与SCAA式的杯测都只是将热水倒入咖啡粉中，没有使用特殊的工具。这是为了配合多数的企业与消费者，不过这种方式虽然可以确认咖啡粉中含有的各种味道与香气，味道的平衡却无从得知。

我想尽可能选择最接近顾客水平的杯测方式。若杯测的方式与顾客平日饮用咖啡的方式不同，我们无法向顾客说明“这种咖啡这样烘焙的话会有这种味道”。以有限顾客为对象的小规模咖啡店，比较适合以平日使用的器具与方法进行杯测。

第5章 咖啡的萃取

正确地烘焙、研磨、萃取，这些都是必须的。在这些步骤中存在着各式各样的法则与技术。我们要学习淘汰“坏咖啡”，实践制作“好咖啡”的理论。

1 咖啡豆的研磨

用磨豆机研磨烘焙过的咖啡豆。研磨的方式有两种，一是像石臼一样，以辗压方式研磨，二是采用锐利的刀刃切割咖啡豆。研磨出最佳研磨度的关键在于，研磨度要适合咖啡萃取器具，且研磨时能研磨平均，不会产生热度与细粉的才是最好的。

烘焙、研磨、冲煮是“咖啡三步骤”，这三步骤的关键就是“新鲜度”。

以石磨研磨的荞麦粉能够释放出高品质的香气，咖啡也是如此。研磨高新鲜度的咖啡时，四周会弥漫着芳香的咖啡味。相反的，不新鲜的咖啡粉香味已散失，有时还会因为其内含的油脂成分而发出酸败臭味。咖啡与荞麦一样，一旦变成粉状，会因与空气接触面变宽而急速氧化。因此如何保持鲜度，也可以说是如何抑制氧化。

■研磨咖啡豆的重点

因此“咖啡要尽可能以咖啡豆的形式保存，要在萃取之前再研磨成粉”十分重要。接下来谈谈要用怎样的磨豆机研磨，又该如何研磨。咖啡豆的正确研磨方式并非只是将豆子放入磨豆机中磨成粉而已。对于磨豆机的性能与咖啡粉的研磨度等都要充分了解，必须先在脑中构思磨出的咖啡粉要用何种方式萃取，还要注意用剩的咖啡粉的保存方式。到这一步骤为止才称得上是正确的研磨方式。

研磨时的重点归纳如下：

1. 研磨度要平均
2. 磨豆时会产生摩擦热
3. 不能产生细粉
4. 选择适合萃取法的研磨度

接下来我再说明得更具体一些。首先是第1点“研磨度要平均”的问题。“平均”一词在本书中屡屡出现，烘焙时的一大课题就是

手动式磨豆机（右：Zassenhaus制）与电动式磨石机（左：DeLonght制）

如何让生豆尺寸与含水量“平均”；而到“研磨”这个章节，重点则在于如何研磨“平均”。

不均会造成咖啡味道不统一、不协调，不论哪一个步骤，都必须将不均的状况减至最低，追求没有杂味、均质且味道平衡的咖啡。研磨后的咖啡颗粒是否均匀会直接影响咖啡萃取液是否均质。换言之，咖啡粉不均会使咖啡液的浓度不均。

那么，研磨度的差异会带给咖啡味道怎样的影响？“研磨度愈细苦味愈强，研磨度愈粗苦味愈弱”。这是最基本的法则。

理由很简单，研磨度细的咖啡粉表面积较大，萃取出的成分较多，可溶成分愈多，液体愈浓，苦味也就愈强。相反的，粗度研磨的咖啡粉表面积小，萃取的成分亦少，当然浓度较低苦味也较弱。苦味弱，取而代之酸味就变强。

拿这一基本法则与第1点对照来看，若是将研磨度不同的咖啡粉混在一起，则可溶成分的浓度会不一致，酸味与苦味都会因此被萃取出来，可以想象这杯咖啡会变成怎样一杯混浊且杂味多的液体了。

第2点是“磨豆时会产生摩擦热”的问题。不管是咖啡、荞麦或是小麦，研磨时产生热度是正常情况。之所以要注意这点是因为热度很明显会损害咖啡的味道与香气。

关于研磨时会生热这点引起多方关注。专家认为，在极普通的速度与载重条件下，金属表面的局部区域因摩擦而产生的瞬间高温就可高达500℃~1000℃。

研磨咖啡时会产生热这是必然的，但是根据磨豆机构造的不同，热度也会有不同的变化。磨豆机研磨咖啡豆的方式大致分为两种，一是以刻有沟槽的两个盘（臼）式刀刃碾压磨碎咖啡豆，称作grinding，即“碾磨式磨豆机”，大部分手动式磨豆机都属此类。另一种是以切碎式粉碎机为代表，以两个一组、具有互相垂直相咬合的利刃的滚轮（金属制的圆柱状回转轴）切割咖啡豆，这种方式称作cutting，就是所谓的“切割式磨豆机”。

外行人一般认为，用手动式磨豆机（碾磨式磨豆机）缓缓研

店面专用的电动磨豆机（照片为Bonmac制）

表28 研磨度与味道变化的关系

研磨度	细度研磨	粗度研磨
粉的表面积	大	小
萃取成分	多	少
浓度	浓	淡
苦味	强	弱

磨就不会产生热度。事实上正好相反，以盘式刀刃摩擦的类型反倒容易产生热度。另一方面，切割式磨豆机反而能让研磨咖啡粉产生摩擦热的情况减到最低。因为碾压磨碎的方式必然会产生摩擦热，而以切割方式切碎豆子几乎不会产生热度。

比较碾磨式磨豆机与切割式磨豆机的优缺点如下：

【碾磨式磨豆机的优缺点】

1. 研磨出的咖啡粉容易颗粒不均
2. 容易产生摩擦热
3. 极少有细粉产生

【切割式磨豆机的优缺点】

1. 研磨出的咖啡粉颗粒平均
2. 不易产生摩擦热
3. 容易产生细粉

家庭用的电动磨豆机是以电机转动螺旋桨状的金属刀刃，它也属于切割式磨豆机。研磨咖啡时，研磨度的粗细取决于时间长短。也就是说，细度研磨需要花较长时间。螺旋桨式磨豆机比较便宜且功能多样，但制造商不同，品质上会有天壤之别。也有专家认为它会产生摩擦热与细粉。

另外也有些人认为对于“磨豆时会产生摩擦热”这点不需太过敏感。如果真要采用最理想的原始时代的臼与杵研磨咖啡豆，时间就必须倒退几个世纪。这好像有点太小题大做了。

产生摩擦热的原因不光是磨豆机构造的关系，咖啡豆烘焙度不同也有影响。极浅度烘焙的咖啡豆因为豆质坚硬，容易产生摩擦热。而深度烘焙的咖啡豆因为水分已经蒸发，豆质已经柔软到用手指就能够压碎，摩擦程度小，就不容易生热。因此说，造成摩擦热的原因并不单纯，咖啡的烘焙度也有影响。

如果在饮用之前才研磨豆子，使用哪一种磨豆机的影响就不大了。大多数知名咖啡制造商都采用不易产生摩擦热的磨豆机，因为他们的顾客属于不知何时饮用的非特定多数。如果研磨完毕立刻饮用，则使用盘式或者锥式磨豆机就没有太大的分别了。

与之相比，研磨时若是产生第3点的“细粉”才是大问题。一旦磨豆机疏于保养，具有黏性的酸败细粉与油脂会黏附在磨豆机的锯齿上，变硬，不光是妨碍磨豆机锯齿的运转，可能还会造成停止回转，更别说会产生大量的摩擦热了。

■不产生细粉的技巧

细粉带来的影响比摩擦热更糟，不但会使咖啡液混浊，还会带来令人不舒服的苦味与涩味。细粉最常造成的影响是，高温带电的细粉直接附着在磨豆机内部，酸败后在下次研磨时混入新咖啡中。

不产生细粉的技巧是尽可能选择不会产生细粉的磨豆机，或者是每次使用完毕就用磨豆机附赠的刷子仔细刷去这些附在其上的细粉。这些都是应急的处置方法，总之清洁磨豆机是首先必须要做的动作。

自家烘焙店中有些店家会特地挂出写着“粗度研磨咖啡店”。咖啡的研磨度采用粗度，且粉量较平常多二到三成，再加上滴滤时采用点滴的方式缓缓萃取，这样一来味道明显地较为稳定且更添醇厚感，能够做出风味绝佳的咖啡。光是增加咖啡粉的过滤层的厚度，就能够萃取到更多美味成分，这是细度研磨咖啡做不到的。

掺杂细粉的咖啡粉会煮出涩味明显的重味咖啡。而粗度研磨的话，则可煮出不混浊且味道清爽的咖啡。

磨豆机的磨刀与锯齿

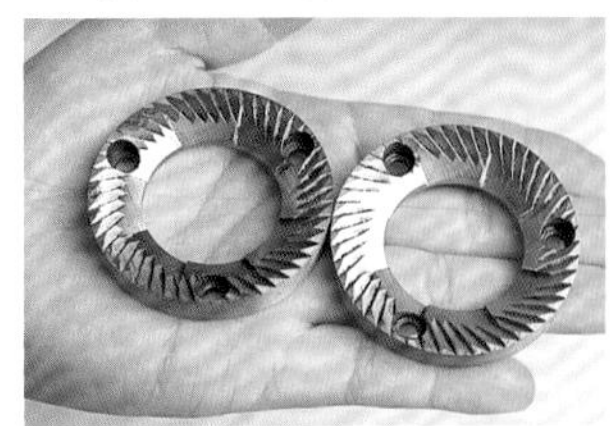

切割式磨豆机的磨刀

碾磨式磨豆机的锯齿

■防止萃取出单宁（Tannin）

咖啡包含各种成分，萃取并不是要将这些成分全都萃取出来。通常有此法则：“如果咖啡粉分量一定，则可溶成分的萃取量由研磨度与时间决定。”

研磨度愈细的咖啡粉，萃取时间愈长，得到的成分愈多。根

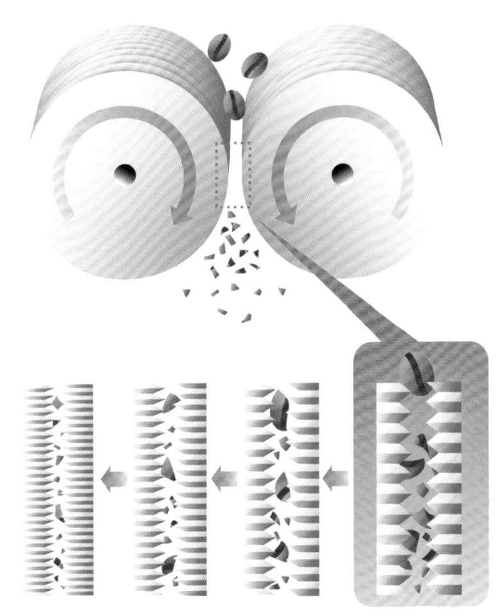

这是切割式磨豆机的基本构造，两个刻有沟槽的滚轮沿不同方向旋转，由两者中间通过的咖啡豆呈放射状被切割出。

图18　切割式磨豆机

碾磨式磨豆机也被称为臼齿式磨豆机。咖啡豆通过刻有沟槽的两片盘（臼）式刀刃被磨碎。

图19　碾磨式磨豆机

细度研磨

中细度研磨

中度研磨

中粗度研磨

粗度研磨

据实验，如果将定量咖啡粉中能够萃取出的所有成分全都萃取出来，最高可以取得30%的成分。但这些成分并非全部都是我们需要的。咖啡中有我们需要的成分，也有我们不需要的成分，萃取时间越长就越容易将我们不需要的不好成分也萃取出来。

我们不需要的成分中主要代表就是“单宁”，正确的称呼应该是“鞣酸”。咖啡生豆中含有8%~9%，烘焙豆中含有4%~5%。与咖啡因（Caffein）同样具有在某些烘焙度下会被分解的性质。烘焙到意式左右的深度烘焙时，90%的单宁会被分解。

一般人常以为深度烘焙咖啡刺激性强，浅度烘焙咖啡刺激性弱，这种想法完全错误！误以为浅度烘焙咖啡刺激性较弱而在睡前饮用的话，一定会让你睁眼到天亮。随着烘焙度愈深，咖啡因与单宁的含量愈少，刺激性也会减弱。千万别被咖啡外表的颜色给骗了。

我们不想萃取出的单宁，就是造成咖啡涩味的元凶。单宁是天使也是恶魔：少量的单宁能够发挥咖啡的甘甜味与醇厚味，但研磨度愈细，萃取时间愈长，恶魔就愈会发挥作用，让咖啡充满涩味。

为了防止单宁被过度萃取，关键在于“咖啡豆采用粗度研磨，粉量稍多，用比较低的温度（82℃~83℃）慢慢萃取”。

这和我前面提过的“粗度研磨咖啡店”采用的方法相同。防止单宁过度萃取也是制作美味咖啡的法则之一。

■适合萃取法的研磨度

最后来谈谈第4点“选择适合萃取法的研磨度”。这里我想再度提醒大家，“研磨度愈细苦味愈强，研磨度愈粗苦味愈弱”，这是不变的基本法则，这是根据咖啡粉表面积被热水覆盖的大小不同所引起的现象，由此可知萃取器具与咖啡粉研磨度的关系。

譬如Espresso咖啡，将深度烘焙的豆子细度研磨，使用浓缩咖啡机在短时间内萃取少量咖啡液，则会得到苦味相当强烈的咖啡。相同的咖啡粉以滤纸滴漏法萃取会如何呢？实际动手做做看就知道，滤纸会被咖啡粉塞住，使注入的热水难以通过，萃取的时间被拉长，最后演变成萃取过度的情况。

那么，超粗研磨度会比较好吗？这也是程度的问题，研磨度过粗会让热水轻易就通过滤纸落下，咖啡美味的成分就没办法被充分萃取出来。如此一来，落入咖啡壶中的咖啡就成了味道淡、薄的液体了。

每种萃取器具都有各自适合的研磨度，所以研磨可不是自己想要什么研磨度就用什么研磨度的。就如前述的滤纸滴漏法，咖啡粉过粗或者过细都不适合，也就是说它最适合的研磨度是中度到中粗度。

以下是咖啡粉的研磨度与萃取法的关系。

- ●适合细度研磨——土耳其铜壶（Ibrik，微粉末）、摩卡壶（意大利称之为“Macchinatta”）、浓缩咖啡机（极细度研磨）。
- ●适合中度研磨——滤纸滴漏法、法兰绒滴漏法、塞风壶。
- ●适合粗度研磨——水滴式咖啡机（极粗度研磨）、滴滤壶（极粗度研磨）。

顺带一提，Ibrik这种土耳其咖啡使用的器具，形状像长柄勺，放上咖啡粉、水还有砂糖然后在火上烤。这种被称为“水煮法”的萃取法使用的是深度烘焙的微粉末状咖啡粉。为何使用深度烘焙的咖啡粉呢？浅度烘焙与中度烘焙的咖啡粉经过高温水煮后涩味会增强，而使用深度烘焙的咖啡，即使高温萃取，得到的还是完全苦味的咖啡。

浓缩咖啡与土耳其咖啡使用深度烘焙咖啡还有一个原因，因为深度烘焙会使豆质柔软而容易研磨得细一点。这虽然有点多此一举，但有的意大利制造的磨豆机无法粉碎浅度烘焙的硬质咖啡豆。那种磨豆机原本就是为了深度烘焙的咖啡豆而设计的，用来研磨质地坚硬的浅度烘焙咖啡豆会立刻发生故障。看来，磨豆机的性能也代表了国家的个性呢！

■清洁磨豆机

磨豆机使用完后一定要清理，否则附着在内部的细粉久了会氧化，下次再研磨新鲜咖啡时会混入其中。因此必须以刷子等将细粉或银皮刷落，还有油脂等也要仔细去除。

研磨咖啡时产生不正常的细粉，就必须注意磨豆机的刀刃是否已磨损。磨损的刀刃会造成研磨不均、产生细粉以及摩擦热等。家庭用的简易磨豆机使用频率较低，因此刀刃磨损的情况不常见。咖啡店里所使用的磨豆机若是刀刃有问题，会影响商品（也就是咖啡）质量，因而必须更换新的刀刃。

2 煮出美味咖啡的条件

咖啡粉的研磨度、水温、萃取速度等都会影响咖啡的味道。要如何煮出味道稳定的美味咖啡，有什么方法和条件呢？让我们一起来尝试吧！

■味道可以修正吗？

我在第3章第2节中已经定义过“好咖啡”与“坏咖啡”，在此我再提一次制作“好咖啡”的四大条件。

1. 无瑕疵豆的优质生豆
2. 刚烘焙好的咖啡
3. 刚研磨好的咖啡
4. 刚冲煮好的咖啡

所谓的“好咖啡”就是“将无瑕疵豆的生豆适当烘焙，烘焙好的豆子趁新鲜时正确研磨、萃取而得到的咖啡”。之所以避免使用“好喝、难喝”的说法是因为这样的词汇有太过浓厚的个人主观意识存在，无法保持客观的角度。

有句话说：“要讲究‘好吃、难吃’就别提‘贵、便宜’；在意‘贵、便宜’就别讲究‘好吃、难吃’。”正是如此。我也是“便宜没好货”的信奉者，所以相当喜欢这句话。

接下来我要讲的是美味咖啡的冲煮法，但在那之前，我必须再一次提醒，这里提到的“美味”，是喝到“好咖啡”而产生的“美味”，与制作过程有关，而非个人喜好觉得“美味”。

有许多因素都会造成咖啡美味流失。在生豆阶段一旦味道改变了，烘焙、研磨、萃取阶段的味道也会改变。品咖啡高手追求的就是“味道再现”——修正每个步骤产生的错误，让味道不论在何种条件下都不改变。“这个味道是偶然产生的，不可能再出现第二次了”，说出这种话的如果是外行还可以理解，但若是专家说出这种话，他就没资格被称为专家。

在此我想再次提醒各位，直到“萃取”为止的每个阶段、每个步骤都是在制作咖啡的味道。我将其按顺序列明如下：

1. 生豆的特性（味道）
2. 手选（第一次）
3. 烘焙
4. 手选（第二次）
5. 烘焙豆的保存管理
6. 调配综合咖啡豆
7. 研磨
8. 萃取

这八项顺序代表的是“前面步骤的失误必须靠后面步骤来弥补”，各位请记得：

如果烘焙过程十分顺利、成功，到第3步骤为止就可以确定九成的味道。但有时遇上烘焙失误，譬如烘焙过度时，此阶段造成的味道错误就必须依靠之后的步骤来调整。例如应该在深城市阶段停止烘焙的却烘焙成法式，就必须靠第7和第8步骤调整味道。过度烘焙的话咖

表29　决定咖啡味道的要素

右边要素改变时，咖啡味道的倾向	研磨度	水温	萃取量	萃取速度
苦味	细度研磨	高温（90℃以上）	少量（100ml以下）	缓慢（4~5分钟以上）
苦味与酸味	中度研磨	中温（82℃~83℃）	中量（120~150ml）	中等（3~4分钟）
酸味	粗度研磨	低温（75℃以下）	多量（170ml以上）	快速（2分钟以下）

啡的苦味会比一般强烈。这里我只是打个比方，我们可以在第7步骤将咖啡粗度研磨，就能减少苦味（研磨度愈粗，酸味愈强，苦味愈弱）；再在第8步骤降低热水温度（水温较低，酸味较强），并且增加萃取量（萃取量愈多，酸味愈强）。可以通过这些微调修正味道（请参照表29）。

即使有这些应急处置，修补后的味道还是无法跟没出错的咖啡相同。不管怎么说，这种做法只是应急用的，有破洞的地方缝合后还是会留下痕迹。因此请各位记得："后面步骤并不能完全弥补前面步骤造成的失误"。

出错的步骤越靠后面，则修补愈辛苦，会增加许多繁复的必需步骤。假设遇到这种应急状况，烘焙失败的豆子有5千克或10千克，在这些豆子使用完毕之前，都必须反复第7和第8步骤的修补动作。如果10千克的豆子每次以10克为1消耗单位，则这样的修补动作就必须重复1000遍了。

■萃取过程造成的味道破坏

在第1到第8步各步骤中有可能发生走味，最后的萃取步骤也不例外。这里我将萃取的步骤依要素分类如下：

1. 粉的研磨度（也会影响成品，所以最好粗细一致）
2. 粉量
3. 热水温度
4. 热水的量（注入热水时的节奏与速度会影响萃取时间）
5. 时间

理论上第1到第5点的各要素若是好好处理，味道就不会出错；严格来说第4点的控制最困难，也是最容易让咖啡走味的过程。但事实上，味道的失误（主要是酸味与苦味失衡）若是在容许范围内就不算

表30　热水温度与萃取

水温	味道变化（滤纸滴漏法）
88℃以上	水温过高。产生气泡，造成闷蒸不完全
87℃~84℃（适合深度、中度烘焙）	水温稍偏高。味道强烈，苦味明显
83℃~82℃（适合所有烘焙度）	适温。咖啡的味道平均
81℃~77℃（适合深度烘焙）	稍低。抑制住苦味
76℃以下	过低。完全煮不出咖啡的美味，闷蒸亦不完全

出错，一些小失误是可以被接受的。

第3点“热水温度”在使用滤纸滴漏法时，水温在82℃~83℃最能达到味道平衡。超过这个温度，会有某些味道特别明显；没有达到这个温度，则美味的成分就无法被萃取出来。当然，热水温度也是根据使用的萃取工具不同而有所改变（例如Espresso要用高温），烘焙豆的新鲜度也有很大的影响。

举例来说，刚烘焙好的豆子，还在大量排放二氧化碳，宛若朝气蓬勃的年轻马儿一样活蹦乱跳。这种状态的咖啡粉注入90℃以上的热水，不会产生一般“闷蒸”的情况，反而会喷出泡沫，使味道变差（刚烘焙好的豆子若使用滤纸滴漏法，要以80℃以下的较低温度缓缓萃取）。

另一方面，烘焙两周以上的豆子（常温）鲜度已尽失，必须使用高温萃取。快要酸败的豆子在滤纸上的锁水能力差，因此90℃以上的高温才能让它释放出味道与香气，避免味道过于淡薄。

再者，水温不只受到豆子鲜度的影响，也会依烘焙度而改变。一般来说，“深度烘焙适合稍微低温（75℃~79℃）或中温（80℃~82℃），浅度烘焙适合中温或稍微高温（83℃~85℃）”。

也就是说，光是“水温”这点就会因为“器具”、“鲜度”、“烘焙度”而改变。味道的修补严格说来是一件相当辛苦的工作，希望各位能够了解这点。

■控制热水量

谈完水温之后，接下来就是难以控制的第4点“热水的量”。为何这项要素最难控制？因为有太多不确定的要素在其中，譬如注入的水流大小、注入方式等。要尽可能控制水量，就必须减少不确定要素，将味道改变的可能性减到最小。

首先是细嘴壶中的水量每次都要保持一定。水量若是有时多有时少，拿着细嘴壶倾注时，水出来的角度与分量就无法保持一致，也无法保持以细细的水流注水。水量若总是能保持一定，就能持续以同样的角度、同样大小的水流注水。只要这样就能够使味道更趋近均一（图23、图24）。

细嘴壶的水量保持一定，也能稳定萃取时的姿势。壶中若装入满满的水，壶的重量会让持续以同样姿势长时间制作咖啡的身体感到疲倦。根据力学原理，抬头挺胸较不易累，而且细嘴壶过重可能会引起肌腱炎。不受多余负担影响的姿势其实相当重要。

要将第一次的热水注入咖啡粉前，先将热水倒掉一部分。这样做一方面是为了确认水温是否适合，另一方面是要去掉位于细嘴壶出水口部分的水，这个部分的水温会比水壶内的水温高，直接注入咖啡粉会破坏整杯咖啡的味道。

图20　出水口的热水

固定壶中的水量与注水者的姿势，鹤口状壶嘴的出水量也会固定。水柱粗细以直径2~3毫米，严格说来是出口处2毫米，后半段3毫米为最理想。但是水流粗细也因萃取分量而不同，四到五人份的咖啡，水流粗细可达5~7毫米。请记住一项原则，少量萃取时

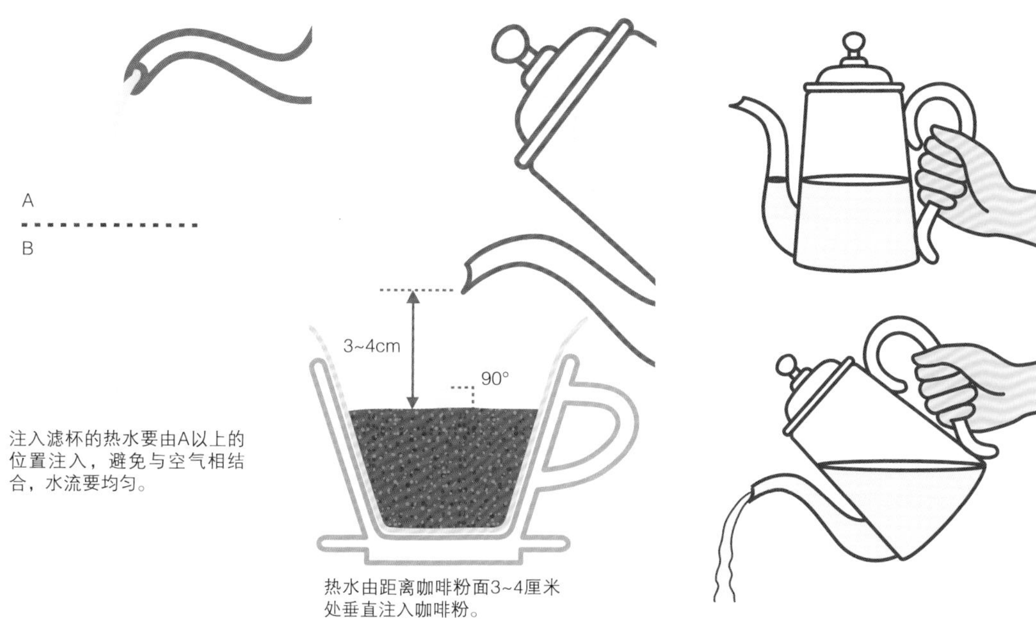

注入滤杯的热水要由A以上的位置注入，避免与空气相结合，水流要均匀。

图21

热水由距离咖啡粉面3~4厘米处垂直注入咖啡粉。

图22

图23　细嘴壶的水量A

水流要细。

接下来，要注意注入的水中不要掺杂空气。如同图21中所示，用细嘴壶注水时，注水位置过高，水柱会在途中产生波折，产生波折就会混入不必要的空气，空气会由正在闷蒸的咖啡粉膨胀的表面喷出，造成开孔。

一旦有开孔，热气会由粉的内侧流失，外部冷空气进入，致使咖啡无法充分闷蒸，而萃取不出美味的成分。因此要让波折前面那段透明圆筒状的水柱垂直落在咖啡粉表面，与咖啡粉表面的距离大约3~4厘米（请参照图22），接着充分闷蒸。萃取的成败就单看“闷蒸”的成功与否。

以上谈到的是要尽可能除去引起咖啡走味的要素，只要消除这些要素，就能得到味道误差少的咖啡，这个想法可用于由烘焙到萃取的每个步骤。

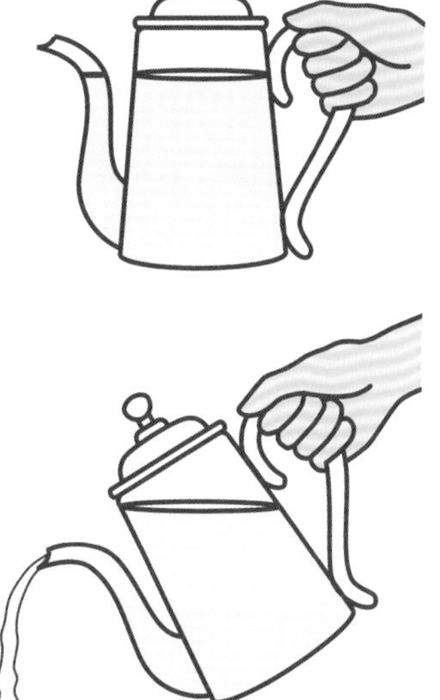

握细嘴壶的把手时，握住的位置要根据壶内的水量调整。水量少时，则握在握把较低的位置（图23），尽量让手腕弯曲的程度愈小愈好；水量多时则相反（图24）。无论如何，壶中的水量每次使用时都须维持固定，这样一来，细嘴壶倾斜的角度与出水的量就能维持一定，才能够萃取出一定水准的咖啡。

图24　细嘴壶的水量B

3 滤纸滴漏法的工具

为何滤杯底部会有一到三个洞孔？其内侧刻的沟槽又有什么作用？如何将滤纸正确地安置杯中？我将用科学的观点解析这一切问题。

■滤杯的种类

比法兰绒滴漏法更简便的就是滤纸滴漏法。它需要的工具是滤杯、用完即丢的滤纸、用于注水的细嘴壶和接收萃取液的咖啡壶。

滤杯有陶瓷、AS树脂制作等种类，最大的不同点在于杯底开的滤孔数量。目前来看，主要有三孔式滤杯和单孔式滤杯两种。

单孔式滤杯是德国的梅丽塔（Melitta）夫人发明的，一人份咖啡就放入一人份，三人份咖啡就放入三人份，由一开始的咖啡粉量到注入的水量都要计算。注水必须一次完成，因此容易塞住滤杯孔的浅度烘焙豆不适用，主要用于德式烘焙等中深度烘焙咖啡，是相当适合喜欢深度烘焙的德国人使用的滤杯，通称“梅丽塔杯”。

与之相对的三孔式滤杯的三个滤孔让空气容易穿过，即使其中一个洞孔堵塞，还有其他滤孔可以使用，这是一大优点，因此适用于浅度到深度各种烘焙度的咖啡。还有，咖啡粉的状态多少有些不均（烘焙度或研磨度），只要调节萃取量就能调整浓度。这种三孔式滤杯称为“卡利塔杯”。介于单孔与三孔之间还有一种双孔式滤杯，不同种类的滤杯有各自不同的效果。

■沟槽的作用

我想滤孔数量的多少是重要的因素，但更重要的是滤杯内侧凹凸的沟槽高低程度。

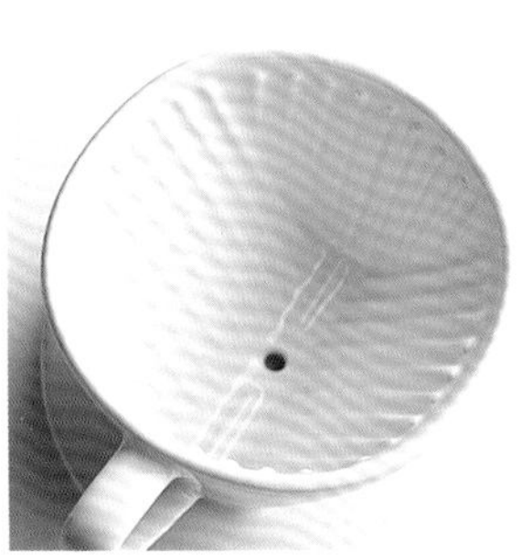
①单孔式滤杯

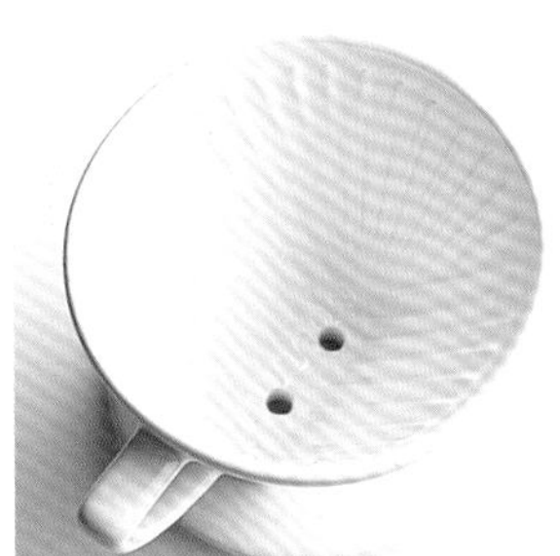
②双孔式滤杯

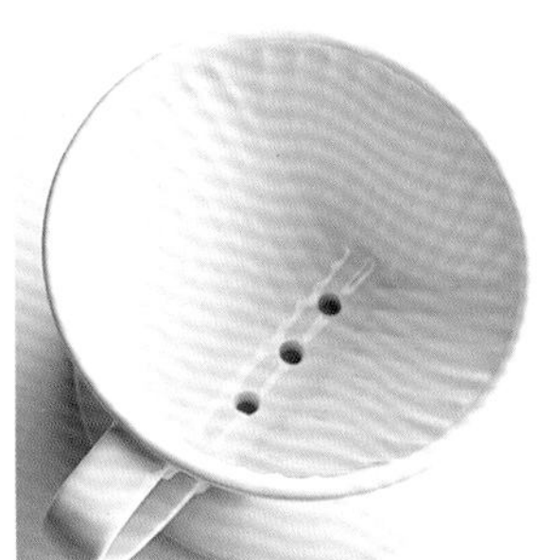
③三孔式滤杯

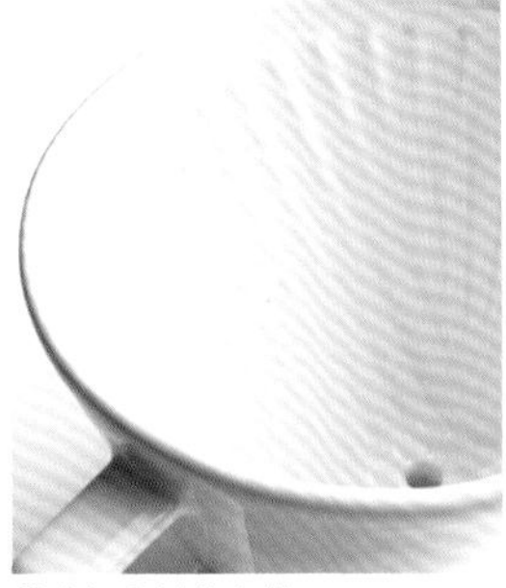
④滤杯内侧的沟槽

⑤滤杯底部的突起滤孔

滤纸滴漏法刚开始普及时，一般人都还不清楚沟槽的功用是什么，以为它是用来防止滤纸移位的。事实上沟槽还有其他更大的作用。

使用滤纸滴漏法时，滤纸会紧附在滤杯壁上，以致注入热水后空气没有排出的路线。使用法兰绒滴漏法，空气可以从任何地方排出，而且法兰绒布中渗入热水后犹如皮膜般具有保温作用，使咖啡能够充分闷蒸。

为了让滤纸也能有法兰绒的效果，必须加深沟槽，让滤纸与滤杯中间有缝隙让空气通过。将滤纸沾湿，或者将滤纸紧贴在沟槽极浅的滤杯上，如此一来，空气只能由杯底的滤孔排出，结果剩下排不出的空气就像火山喷发一样由闷蒸状态的咖啡粉表面冲出，粉的表面开了一个洞，冷空气进入，会造成闷蒸不全。沟槽的存在就是为了防止这种状况。

同为滤纸，制造商不同，形状、尺寸、材质上也会有微妙的不同。最近还出现了环保滤纸（用甘蔗渣等制作），但基本上滤纸最好使用与滤杯同公司出品的。有人说“梅丽塔杯”任何滤纸皆可使用，但为了避免萃取失误，使用其他公司产品时要特别注意。

过去会在滤纸接合处糊上糨糊，或者为了让滤纸呈现白色而用氯漂白，现在普遍改用机器压制，漂白也改用氧化处理，因此无须担心对环境或健康造成伤害。

图25

图26

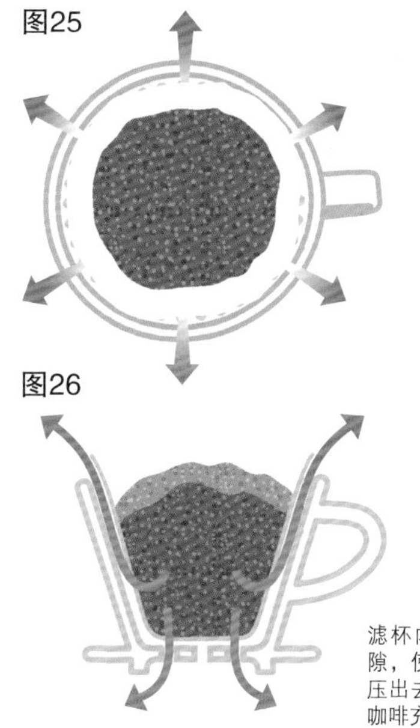

滤杯内侧的沟槽与滤纸间会产生空隙，使得热水注入咖啡粉后空气被挤压出去时，能够从这些空隙排出，使咖啡充分闷蒸。

图27

沟槽若不够深，滤纸浸湿后会和滤杯完全贴合，而无法产生真空层。咖啡中的空气无处排出，会由咖啡粉表面喷出。

滤纸的折法

①将滤纸接合处侧面的部分向内折。

②接合处底面的部分则与侧面反向外折。

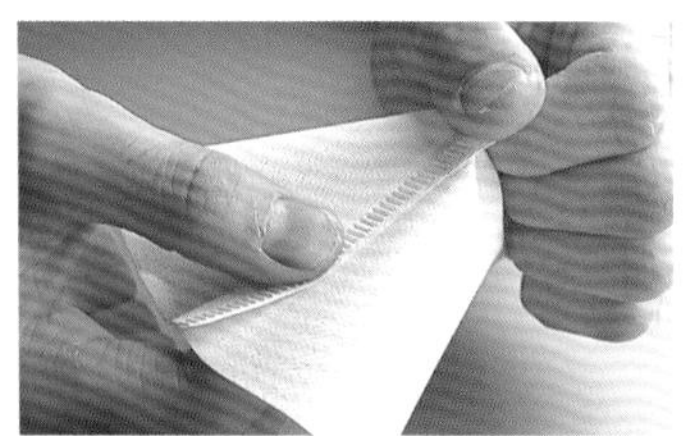

③将接合处的侧面部分用手指按住摊平。

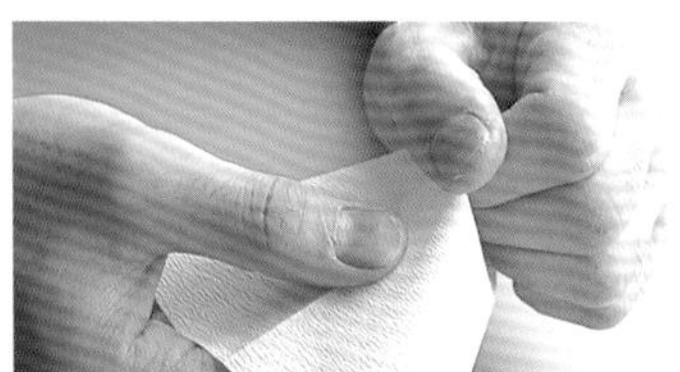

④侧面另一侧也用手指按住摊平。

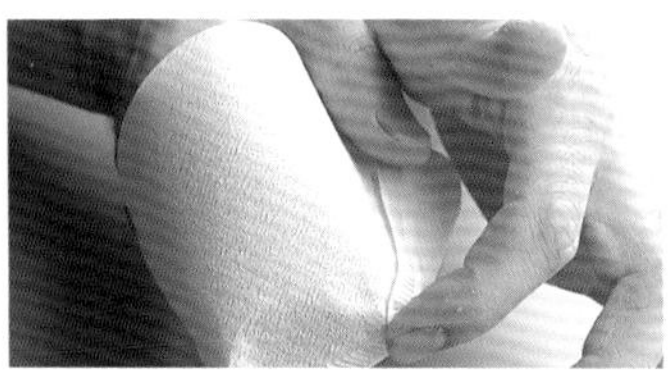

⑤用拇指与食指由内按住底部两侧尖角，将它向内折。

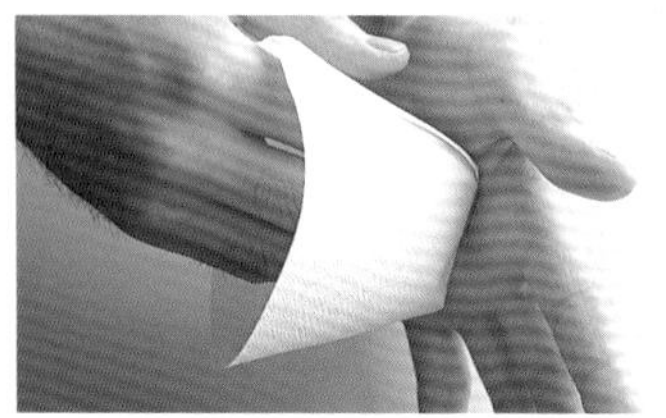

⑥手指伸进滤纸内部，握住滤纸，在另一手的手心上按压以调整形状。

细嘴壶
设计上以方便使用者为理念，出水口必须要细，否则难以在咖啡粉上画圆。

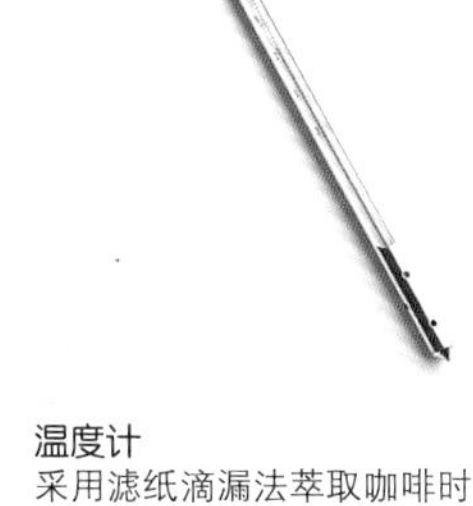

温度计
采用滤纸滴漏法萃取咖啡时，最适合的温度是82℃~83℃。细嘴壶的温度如何能够保持在最适状态，可通过温度计摸索到最好的方法。

咖啡壶
以耐热玻璃制作的平底壶为佳，以便事先从咖啡壶的刻度确认萃取出的咖啡量。

量杯
配合欲萃取出杯数调整咖啡粉量与萃取量。1杯份=10g=150ml，2杯份=18g=300ml，3杯份=25g=450ml。

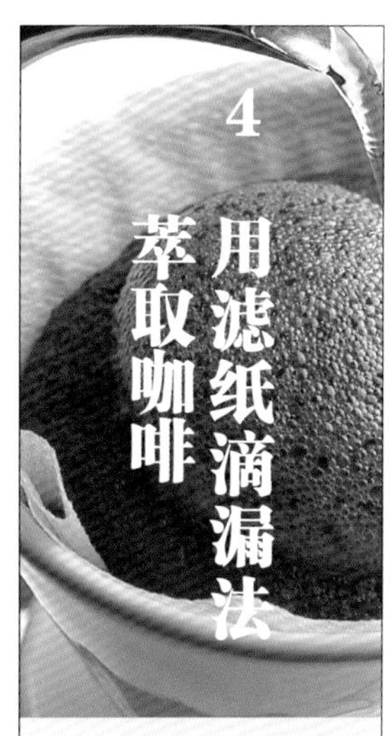

4 用滤纸滴漏法萃取咖啡

滤纸滴漏法萃取咖啡的成功与否，除了与咖啡粉的新鲜度有关外，咖啡粉是不是充分被热水覆盖了，过滤层是否牢靠，这些都有影响。在此我整理出六大萃取重点。

滤纸滴漏法成功与否重点在于“蒸”。

这里的“蒸”并没有严格的定义。让少量热水渗透全部咖啡粉，稍微静置一下形成过滤层，让热水通过咖啡粉；热水通过粉时，多孔质的咖啡粉会膨胀，变成以水蒸气蒸煮的状态，而形成有厚度的过滤层。要萃取得平均且有效率，制作过滤层是不可或缺的基本步骤。这一步骤一般称为“蒸”。

想要做出坚实的过滤层，必须用刚烘焙好没几天的新鲜豆子。咖啡粉新鲜的话，注入热水的同时表面就会隆起，形成汉堡模样的过滤层。不新鲜的咖啡粉做出的过滤层虽然也会隆起，但立刻就陷落成钵状。这样煮出来的咖啡浓度低且口味清淡。前面我已经说过，美味咖啡的条件是“刚烘焙好、刚研磨好、刚冲煮好”，请将这三点谨记脑中。以下是滤纸滴漏法的萃取步骤。

●萃取条件

- 咖啡粉 = 中深度烘焙的综合咖啡
- 研磨度 = 中度研磨
- 粉量 = 二人份18克
- 热水温度 = 83℃
- 萃取量 = 300毫升

1. 将滤纸安置在滤杯上，倒入中度研磨的咖啡粉，轻轻摇晃滤杯，让咖啡粉的表面平整。分量是一人份10克，二人份18克，三人份25克；每增加一人就增加7~8克。咖啡杯、咖啡壶、滤杯事先要以热水温过。

2. 第一次注水。握住细嘴壶壶把的上方，让热水由注水口细细流出。热水由粉面上方3~4厘米处正对粉面垂直落下。重点是要有将水“放上去”的感觉。咖啡的萃取就是“顺时针方向画圆”、“把热水放上去”这些动作。要让出水的水流细小，必须使用鹤口状壶嘴的细嘴壶。

3. 注入热水的同时，咖啡粉表面会形成汉堡状的膨胀，此时水势若过强，会让膨胀塌陷。如照片中的样子，咖啡粉膨胀、“闷蒸”，静置20~30秒。最理想的热水量是咖啡壶中有几滴，或者最多也仅是薄薄一层咖啡液覆盖壶底。

4. “闷蒸”的阶段结束后，第二次注入热水。让细嘴壶与咖啡粉表面保持水平，顺时针画圆般垂直注入热水（图28），要让热水浸透全部咖啡粉。此时必须注意，绝不能将热水倒在汉堡状过滤层外侧。

5. 新鲜的咖啡粉会产生许多细微的泡沫。虽然同样是新鲜咖啡，但浅度烘焙咖啡不会产生泡沫。另外，咖啡粉不新鲜，或者水温过低的情况下，不会膨胀反而呈陷落状。

6. 第三次注水。注水时机是在热水注满、粉面凹陷、热水全部滴落之前。过滤层一旦变成钵状就很难复原。咖啡的成分到第三次注水为止已被全数萃取出。之后再注入热水萃取是为了调整浓度与萃取量。萃取的时间太长，损害咖啡味道的成分会被释出，因此第四次之后的注水要尽可能快速。

以上内容归纳出的萃取重点如下：

（1）使用新鲜的咖啡。

（2）咖啡粉要适度研磨。

（3）保持适度的水温。

（4）充分闷蒸，制作牢固的过滤层。

（5）过滤层的边缘部分不要注入热水。

（6）萃取要快速。

滤纸滴漏法是利用热水通过咖啡粉萃取美味的方法。要不断以这六个条件严格要求自己。

我再三提醒，不新鲜的咖啡粉注入热水后不会膨胀，咖啡粉无法膨胀就无法做出过滤层，精华也无法完全萃取出来。

接着如我前述的，在确保鲜度之后就必须要适当研磨咖啡豆。关于咖啡粉的研磨度希望大家记得如下的法则：

"研磨度愈细愈浓厚，苦味愈强；研磨度愈粗愈清爽，苦味愈弱。"

研磨度过粗，热水会一下子通过咖啡粉，精华还未被充分萃取出来就结束了。相反的，研磨度过细会塞住滤纸滤孔，容易造成萃取过度，而且浸渍时间过久会引出过多单宁，制作出涩味咖啡。对滤纸滴漏法而言最适当且正确的研磨度是中度。

另外关于第3个重点"保持适度的水温"也有以下的法则："水温愈高苦味愈强（即酸味愈弱），水温愈低酸味愈强（即苦味愈弱）。"

水温过高，咖啡粉会急速膨胀，接着就像火山爆发般在粉表面爆开一个洞，并喷出水蒸气。相反的，水温过低时，粉不会膨胀反而凹陷，咖啡的精华也无法萃取出来就结束了。

注入热水时要由内而外，顺时针方向缓缓细细地倒入。水流必须够细，因此不能使用一般水壶，最好使用鹤嘴状的细嘴壶。

接着是第5个重点"过滤层的边缘部分不要注入热水"，希望大家谨记这点。水流入周围部分，支撑过滤层的支柱会被破坏而让热水通过。特别是边缘部分的粉量较少，美味成分还未被充分萃取水就流回了，结果制作出的咖啡液浓度低且口味清淡。

第6个重点是"萃取要快速"。我们只要萃取美味成分，不需要的成分都不萃取。

照着以上的重点适当且正确萃取，萃取结束后留在滤纸上的咖啡粉应该会变成完美的钵状。这代表边缘部分的咖啡粉一直到最后都支撑着过滤层。相反的，若没有出现该形状，即表示热水注入的状况不稳定。

①
②
③
④
⑤
⑥

6 谈谈特浓咖啡（Espresso）

Espresso咖啡在一般家庭也能轻易喝到。在此我介绍两种Espresso所使用的机器，一是在意大利家庭普遍使用的『摩卡壶』（Moka），二是简易浓缩咖啡机。

■特浓咖啡（Espresso）的萃取法

只要去过意大利旅行的人，相信都会对在吧台喝到的Espresso咖啡有特殊的思念。小杯[①]中那仅仅30毫升的浓浓液体，光是喝下一口就能感觉到口腔被咖啡的精华包裹住，可以清楚分辨出它与滴漏式咖啡的不同。Espresso咖啡对意大利人而言是生活上不可或缺的一部分，他们一直认为这种咖啡应该要风行世界才对。正如他们所料，这几年来全世界都流行着Espresso咖啡风潮。美国西海岸被称为“西雅图系列”的咖啡连锁店就是这波风潮的导火线，而由Espresso咖啡发展出的那堤咖啡（Caffe Latte）与卡布奇诺咖啡（Cappuccino）[②]相当受人瞩目。

在女性顾客中相当受欢迎的卡布奇诺咖啡，是以圣方济修会（Capuchin）修士的修道服命名的。圣方济修会是以清贫著称的意大利拿坡里“保罗圣方济修会”（San Francesco Paola）的分会，浅巧克力色的修道服是其标志。卡布奇诺咖啡也被称为“卡布”，意大利的习惯是在早上饮用，外国人则没有这种限制，午餐、晚餐后也可点单饮用。

摩卡壶使用中细度到细度研磨。

适用于浓缩咖啡机的咖啡豆。上图为肯尼亚咖啡豆，下图为哥伦比亚咖啡豆。豆子颗粒大、果肉厚而且坚硬，深度烘焙后仍具有丰富的风味。

浓缩咖啡机使用极细度研磨。需要经过高压萃取，所以咖啡研磨度必须比摩卡壶更细。

---

① 小杯：英文称“Demitasse Cup”，法文称“demi-tasse”。二分之一尺寸的杯子。

② 此处咖啡的命名皆参考星巴克咖啡（Starbucks Coffee）所使用的名称。

咖啡的萃取法主要有三大类，一是滴漏法，二是以土耳其咖啡为代表的水煮法，三是采用浓缩咖啡机萃取。这三种方法彼此间味道的优劣很难决出胜负，重要的是这些方法的内容有什么不同。

浓缩咖啡机是将加压热水送进刚研磨好的咖啡粉（极细度研磨）中，瞬间萃取出可溶解的成分，同时乳化脂质成分，产生焦糖般的香气与独特的咖啡液。如果说澄清不混浊的咖啡液是滴漏式咖啡最理想的状态，那么浓缩咖啡机萃取最理想的状况就是咖啡表面覆盖着细致的泡沫。

将咖啡粉（一人份7克）平均装入滤器，用填压器将咖啡粉平均压到紧实。徒手压平的压力大约8磅（约9千克）。装入机器中，打开冲煮开关，90℃、9个大气压力的热水由出口喷出，20~25秒萃取结束。一次的萃取量约30毫升，液面上的雾状泡沫（crema）2~3毫米。

以上是使用浓缩咖啡机的萃取，但是一般意大利家庭均采用称为“摩卡壶”的浓缩咖啡器具。摩卡壶是两层构造，下壶内装的水沸腾后，就会通过装有咖啡粉的网状滤器喷入上壶。摩卡壶在美国称为“意式滴滤壶”。没有使用气压就能将热水注入中细度研磨的咖啡粉中，严格来说这不能算是浓缩式萃取，而比较接近滴漏式，但它却能做出类似Espresso咖啡的浓度与风味。

Espresso咖啡必须使用专用的烘焙咖啡豆。过去使用的是近乎碳化的意式烘焙咖啡豆，但最近意大利当地也开始普遍使用烘焙度较浅的深城市烘焙到法式烘焙豆。另外，Espresso咖啡中少有百分之百的

●咖啡饮用方式的演变

埃塞俄比亚过去把咖啡当做食物食用。将果实剁碎后，用油捏成丸子状。这种做法传到阿拉伯，将咖啡种子剁碎煮过、加入香料，就诞生了“苏丹咖啡”（Cafe ala Sultana），这是历史上最早的饮用咖啡的方法。

土耳其咖啡以类似柄勺的器具（Ibrik）冲煮，这种传统煮法能够使深度烘焙的咖啡更加浓厚。今天意大利使用浓缩咖啡机冲煮咖啡，这是威尼斯商人将土耳其咖啡的煮法传入意大利后加以改良的结果。

意式咖啡的烘焙度较土耳其咖啡浅，传入法国后，称为法式咖啡，烘焙度又再浅了一点。之后传入其他国家，因而有了德国德式咖啡、美国美式咖啡等，烘焙度愈来愈浅。喝咖啡在阿拉伯与土耳其是具有宗教意义的。随着咖啡的烘焙度愈来愈浅，它渐渐成为如茶一般的大众饮料。

在意大利被称为“摩卡”（Moka）的简易萃取壶，它的萃取液严格来说不能算是浓缩咖啡（Espresso）。

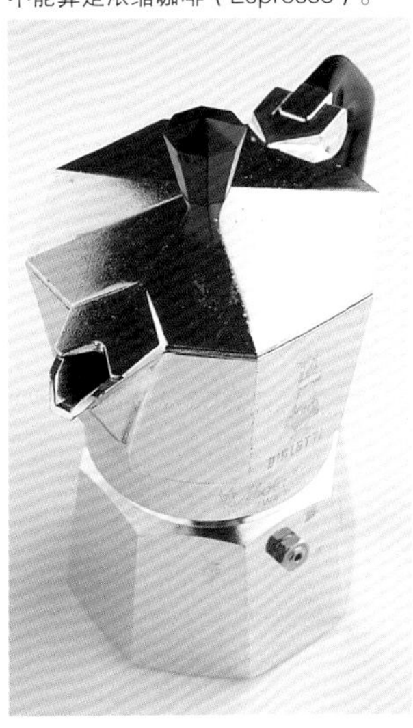

家用型的浓缩咖啡机。

商业用浓缩咖啡机，具有半自动、全自动功能。

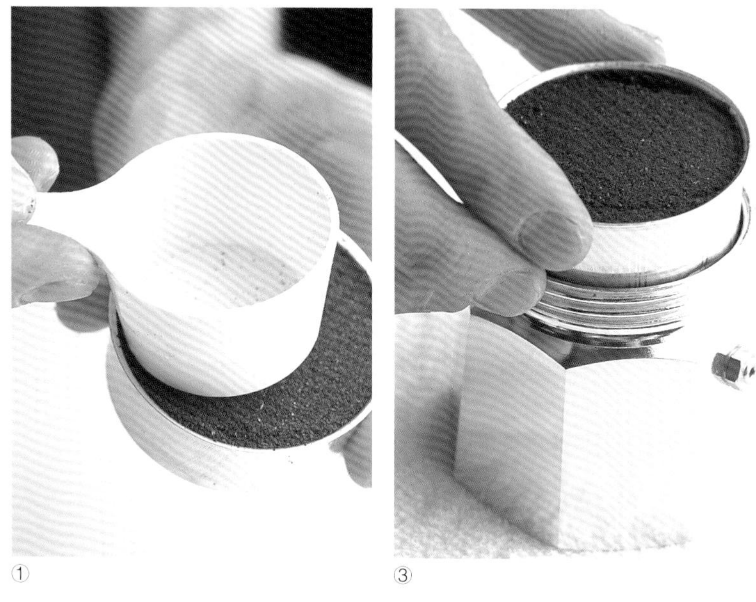

① ③

② ④

阿拉比卡种咖啡，几乎所有的咖啡馆端出来的都是罗布斯塔种咖啡。被一般世人排斥的罗布斯塔种咖啡却被意大利人如此喜爱，因为意大利人认为“优质的罗布斯塔种咖啡要比次级的阿拉比卡种咖啡好”。但是在此先将罗布斯塔种咖啡摆一边，我们要试用百分之百的阿拉比卡种咖啡制作Espresso。

还有另一个原因，Espresso咖啡所使用的多半是综合咖啡豆，有时会因配合的比例不同而产生味道杂乱的问题。在此我们使用肯尼亚或者哥伦比亚咖啡豆制作单一口味的Espresso咖啡。我在前面已经提过，肯尼亚与哥伦比亚豆的颗粒大且果肉厚，豆质坚实（D型豆特征），适合深度烘焙，也相当适合浓缩咖啡机使用。

●萃取条件

· 萃取器具——摩卡壶

· 咖啡粉——中深度烘焙的肯尼亚咖啡

· 研磨度——中细度研磨

· 粉量——15克（三人份）

· 萃取量——90毫升（三人份）

1. 将咖啡粉放入滤器部分（三人份15克），以量杯的底部代替填压器将咖啡粉轻轻压实。使用浓缩咖啡机时必须用力压实，但直立式的摩卡壶只需轻轻压实，让咖啡粉平均即可。

2. 下壶注入热水（三人份100毫升）。使用热水是为了避免由冷水加热至沸腾的时间过久，导致咖啡精华无法瞬间萃取出来。

3. 将装了咖啡粉的滤器放入第2点中的下壶。

4. 使用双手将上壶装至下壶。若产生缝隙，蒸汽与热水会由此漏出，所以一定要锁紧。在火炉上摆上铁网，摆放摩卡壶时才能稳定不摇晃。接着一口气以强火煮沸。热水会上升至上壶中，在细细的泡沫消失前将咖啡液注入杯中。

7 其他的咖啡萃取工具

目前最受瞩目的是法式滤压壶，滴滤壶仍旧有一定的人气，塞风壶则因为新式的卤素加热管而重新获得青睐。每种萃取工具都有其作用与优缺点，让我们来看看！

除了滴漏式之外，咖啡还有各式各样的萃取方法。其中比较特别的只有土耳其咖啡，必须使用土耳其铜壶（Ibrik）以及水滴式咖啡机萃取。在此我介绍三种较常被使用的——塞风壶萃取法、过滤壶萃取法、滤压壶萃取法。

●塞风壶（Syphone or Siphon）

塞风壶是被称为真空过滤的萃取法。1940年由英国技师罗伯特·那皮耶发明。

萃取的构造很简单：在下壶放入热水加热，水沸腾之时就将装有咖啡粉的上壶放上去，找不到出口的热水只能通过管子进入上壶中，与咖啡粉混合萃取出成分。因为热水几乎被送进上壶中，因此离火时下壶内部是真空状态，让咖啡液过滤后一口气滴落下壶内。

这种萃取方式最有趣的地方在于，能够由外部观察到整个萃取过程。有一个时期咖啡店相当流行塞风壶萃取法，因为它比滴漏式萃取法更具可看性，而且只要将作业程序明白地书写下来，任何人都能制作出品质一致的咖啡。不过它的味道比滴漏式平淡单调，再加上多以高温萃取，容易产生苦味与涩味也是一大缺点。

另外塞风壶处理不当容易损坏也是它逐渐消失的原因。最近新型的卤素加热管五合一塞风壶上市，新的塞风壶风潮令人期待。

表31　各种咖啡器具的萃取条件

使用的器具	研磨度	水温	萃取量	萃取速度
浓缩咖啡机	细度研磨	高温	少	快速
滤纸滴漏法	中度研磨	82℃~83℃	中等	中等
法兰绒滴漏法	中粗度研磨	高温	少	缓慢

使用卤素加热管的五合一塞风壶组
（Lucky Coffe Machine）

一般的塞风壶

●滴滤壶（Percolater）

这种壶在美国由19世纪西部拓荒时代开始使用，20世纪50年代以惊人的速度在一般家庭中普及。只需将咖啡和热水放在火上煮即可，这种简便性是其他器具没有的。

它的使用方法相当简单。首先将极粗度研磨的咖啡粉装入滤杯，粉的分量是一人份10克左右。接着将滤杯放入壶中，将热水加至距离滤杯1厘米左右的高度后开始加热。热水沸腾时水蒸气会延着中央的管子爬升，由上方喷出。热水产生对流落至滤杯内的咖啡粉上，咖啡成分因此萃取出来。

利用蒸汽压力这点与简易的浓缩咖啡器具摩卡壶有几分类似，但有一点不同：滴滤壶的咖啡萃取液是由滤杯的洞孔落入壶中，然后再次被往上推渗透咖啡粉，也就是说它并非一次就萃取完毕，只要不熄火，咖啡液就不断地上下循环。在火上的时间愈久，煮出来的咖啡愈浓，为了避免萃取过度，沸腾后2~3分钟即可熄火。

滴滤壶

●滤压壶（Coffee Press）

也称为法式滤压壶，是近年来备受瞩目的工具。滤压壶并非新发明的器具，它原本主要用于红茶上，因此将它用在咖啡上或许也算是一种新发明吧。在欧美国家相当普及，特别是法国几乎家家户户都在使用这种滤压壶。

滤压壶得到快速普及的原因当然与简便有关。将中度到中粗度研磨的咖啡粉与热水（90℃~95℃）放入壶中，以汤匙轻轻搅拌，盖上盖子后，将压杆向上拉，让它闷蒸4分钟左右。接着扶住壶把，将压杆缓缓下压就完成了。

它不像塞风壶一样需要搅拌，也不易萃取出造成苦味的单宁，粉的分量、研磨度、水温一旦固定就能制作出品质一致且味道平衡的咖啡。困难之处在于它比起滴漏式萃取更难确认咖啡粉的新鲜度。滴漏式萃取法可透过咖啡粉膨胀的状态判断新鲜与否，但滤压壶萃取是将粉浸在水中，因而无从判断。

滤压壶

咖啡用语解说

●焦糖化测定器（Agtron）

这是美国所使用的烘焙度指标。烘焙度是由最浅的100号到最深的25号（请参照59页），以“烘焙度是Agtron 50左右”的数值来表示。测定是依靠名为Agtron M-Basic的特殊色差仪判断。

●阿拉比卡种（*Coffea arabica*）

与罗布斯塔种（正确来说应该是“康乃弗拉种”）、利比里亚种并称咖啡三大原生种。原产地是埃塞俄比亚。为三大原生种中品质最佳的。主要种植在高地。

●非水洗式咖啡（Un-washed Coffee）

或称作“自然式”、“自然干燥式”。

●未熟豆

原意是“绿色”的意思，用来指未成熟的豆子。具有青草味，还有令人不舒服的味道。存放生豆使它干燥，就是为了对付这种未熟豆所采用的做法。

●水洗式咖啡（Washed Coffee）

即以水洗的方式精制咖啡豆，杂质与瑕疵豆少，精制度高。现在除了巴西、埃塞俄比亚、也门等国家外，所有的阿拉比卡种咖啡生产国都采用这种精制法。

●库藏豆

为了去除水分，或者让豆子成熟，而将生豆在恒温仓库中摆放一段固定时间。这样一来烘焙较为容易，且咖啡的味道更加醇厚。但一般来说，咖啡生产国与消费国都认为这种做法会损坏咖啡的酸味与香气。

●老豆（Old Crop）

距离采收时间已经过一年以上且水分含量少的生豆。相对于采收当年即上市的“新豆”（New Crop）与次年才上市的“旧豆”（Past Crop）而言。

●咖啡因（Caffein）

咖啡豆、茶叶、可可豆中含有的生物碱（Alkaloid，含氮的碱性化合物），与尼古丁（Nicotine）、吗啡（Morphine）等同样具有兴奋、强心、利尿的作用。阿拉比卡种咖啡中约含1%，罗布斯塔种咖啡中约含2%，速溶咖啡中约含有3%~6%。

●Cup of Excellence （COE，最高品质的咖啡）

1999年在巴西首次举办精品咖啡品评会，现在危地马拉、巴拿马、尼加拉瓜等国家也广泛举行。根据国内以及国际审查员公正的评审，选出“最高品质的咖啡”（COE），并通过国际拍卖网站向全世界公开销售。

●瑕疵豆

指混入生豆中的不良咖啡豆，包括发酵豆、死豆、黑豆、未熟豆、发霉豆等。烘焙前后如果没有将瑕疵豆手选挑除，会破坏咖啡的味道。

●哥伦比亚清新明亮型咖啡（Colombia Mild Coffee）

这是纽约期货交易所根据咖啡产地区分的四类咖啡中的一类，是哥伦比亚、肯尼亚、坦桑尼亚三国咖啡的总称。

●商业咖啡

在期货市场交易的一般咖啡，也称为 “Commercial Coffee”。

●叶锈病

多雨区的咖啡树叶子易患的病。霉菌附着在叶子表面透气孔，在此生根且长满斑点。具有传染性，造成过去的锡兰（今日的斯里兰卡）与印度尼西亚等种植的阿拉比卡种咖啡全数死亡，而改种植耐病性强的罗布斯塔种咖啡。

●筛网

依据生豆颗粒大小分类时所使用的有孔筛子。洞孔的尺寸单位是1/64英寸（1英寸=25.4毫米），使用18号筛网的话，能将直径17/64以下的豆子筛落，留下18/64以上的豆子。筛网数字愈大豆子尺寸愈大。

●精品咖啡（Specialty Coffee）

目前来说没有严格的定义，其标准根据各国精品咖啡协会而不同。大致上具有明显的风味，让人留下绝佳的印象，这就是高品质的咖啡。过去的“老号咖啡”、“白金咖啡”等高品质咖啡也属于精品咖啡的范畴。

●遮蔽树（Shadow Tree）

用来避免咖啡树直接日晒，种植在咖啡树间，一般多为香蕉或者芒果树。过去也被用来分散咖啡的霜害与病虫害危险。

●精制

去除采收后的咖啡果实外皮、果肉、内果皮、银皮等，取出生豆的步骤。大致分为水洗式与非水洗式两种。

●霜害

因为下霜而引起的咖啡伤害。1975年到1976年巴西巴拉那州发生了50年来第一次严重的霜害，导致9.15亿棵咖啡树全部毁灭。当时占世界咖啡生产量1/3（2500万袋）的巴西，生产量一度落到820万袋，而在国际市场上的生豆价格也达到史上最高价格，由每磅60美分左右涨至3美元36分。

●双重烘焙（Double Roast）

如同文字所示，即烘焙两次。烘焙过程中（大多是在第一次爆裂前）将豆子从烘焙机中取出，冷却之后再开始第二次烘焙。双重烘焙的目的各式各样，可以消除干燥不均的情况，也可以拉平硬豆的皱褶。这一做法可以美化豆子表面，却会让咖啡味道变得平淡。

●单宁（Tannin）

俗称“单宁酸”，简单的说就是咖啡涩味的来源。萃取过度时单宁产生的状况会特别显著。单宁能够促进胃液分泌，消除自由基。

●微尘碎屑

就是附着在生豆表面的东西。生豆烘焙时，碎屑与银皮等会脱落，被集尘机抽离，而附着在烟囱上，特别是非水洗式的巴西咖啡与曼特宁咖啡等含量最多。在烘焙一开始的阶段（放入生豆后的3~4分钟左右），将制气阀全开约1分钟使其容易被抽离。

●生产追踪管理系统（Traceability）

起源于疯牛病以及食用肉品的标示伪造等问题，为了保障食物的安全性，因而提倡此系统。也可翻译为“食品履历情报追踪”或者“产地资讯追踪”。至于咖啡，则是将产地的自然环境、品种、精制法、庄园名称、生产者名称等标示在上面。

●生豆

咖啡果实经过加工精制后，作为商品流通使用的咖啡种子。

●新豆（New Crop）

当年采收的咖啡豆称为“新豆”。水分含量多，大多数是浓绿色，成分丰富，味道与风味明显且充满个性。欧美国家只选用新豆冲煮咖啡，他们认为只有新豆煮出来的咖啡才是最棒的咖啡。

●内果皮（Partchment）

夹在果肉与银皮中间的茶褐色薄皮。附着内果皮的咖啡称为“带壳豆”。它能够减少咖啡风味劣化的情况，因此咖啡生产国多以内果皮咖啡的形式进行交易、储藏。

●圆豆（Pea-berry）

咖啡的果实通常含有两颗种子，但发育不完全时只剩下一颗，这就是形状浑圆的“圆豆”。根据产地的不同，有些地方甚至只收集圆豆销售（例如牙买加的高山圆豆等）。

●平豆（Flat Bean）

就是一般的咖啡豆，果实中两相合抱的种子的接触面会成平面，因此称为“平豆”。与“圆豆”相对。

●马拉戈吉佩（Marogogype）

原产于巴西的阿拉比卡种变种，在巴西的巴希亚州马拉戈吉佩地区发现。尺寸为19号筛网以上的大颗粒豆子，亦被称为“象豆”。外观好，但风味平淡。

●咖啡粉筛网（Mesh）

为了让咖啡粉的颗粒平均因而将粉过筛。另一方面，咖啡的研磨度也称作“Mesh”。

●单一作物文化

殖民地时代留下来的名称，是指依赖单一或者少数作物的经济结构，在发展中国家最常见。最典型的单一作物文化国家，咖啡是非洲中央的赞比亚与布隆迪等国，红茶则是斯里兰卡等。

●碘臭

巴西的里约热内卢地区收成的咖啡都会有刺激性的碘臭味。因为此地土壤的碘臭味强烈，采收时将咖啡果实打落在地面上，所以咖啡豆子会沾染到这一独特臭味。一部分的国家或地区将这种豆子视为传统而相当珍视，但欧美、日本等国家相当排斥有碘臭味的咖啡。

●利比里亚种（*Coffea liberica*）

咖啡三大原生种之一，原产地为西非的利比里亚。果实比阿拉比卡、罗布斯塔种大，属低地产，环境适应力强，耐病虫害。苦味强烈是其特征。现在只有靠近西非的部分国家（苏里南、利比里亚、科特迪瓦等）有生产。

●罗布斯塔种（*Coffea robusta* Linden）

非洲刚果原产的原生种。较阿拉比卡种耐病虫害（特别是叶锈病），环境适应性强，能够在低地栽培。具有特有的“维布味”（类似烧焦麦子的味道），无法直接饮用。萃取液量多且价格便宜（只有阿拉比卡种的1/3~1/2），多用于罐装咖啡或速溶咖啡。过去印度尼西亚是最大的罗布斯塔生产国，现在则是越南为主。品质较阿拉比卡种差。是工业用咖啡不可欠缺的材料，也是咖啡产业中不可或缺的品种。

经典的花式咖啡配方

冰咖啡

使用咖啡	深度烘焙咖啡（意式综合、综合冰咖啡等）
研磨度	中细度研磨
使用量（量杯）	一人份=1.2杯 二人份=2杯
萃取量	一人份=咖啡壶1刻度量 二人份=咖啡壶2刻度量
其他材料（一人份）	糖浆——适量（糖浆的做法：将水640毫升注入果汁机中搅拌，再加入1千克的精致细砂糖搅拌3~5分钟） 牛奶——适量 冰块——适量
使用器具	玻璃杯、牛奶壶、糖浆壶、吸管
做法	1. 冰块装满玻璃杯并去除水汽。 2. 将萃取出的咖啡直接放入玻璃杯中，加以搅拌。 3. 加入牛奶与糖浆。
注意	・搅拌冰块时以纵向方式搅拌，冰块较不易溶解。 ・糖浆刚做好时会有些许混浊，一会儿就变为透明。可放入冰箱保存。 ・水与砂糖的分量可减半。

蜂蜜冰咖啡

使用咖啡	深度烘焙咖啡（意式综合咖啡等）
研磨度	中细度研磨
使用量（量杯）	一人份=1.2杯 二人份=2杯
萃取量	一人份=咖啡壶1刻度量 二人份=咖啡壶2刻度量
其他材料（一人份）	蜂蜜——一大匙 牛奶——适量 冰块——适量
使用器具	玻璃杯、牛奶壶、吸管
做法	1. 冰块装满玻璃杯并去除水汽。 2. 萃取出的咖啡趁温热时溶入蜂蜜。 3. 将2注入1中，加入牛奶。
注意	・要趁咖啡热的时候溶入蜂蜜。 ・将装有冰块的玻璃杯与溶有蜂蜜的咖啡分开端给顾客。

维也纳咖啡

使用咖啡	中深度烘焙咖啡（法式综合咖啡等）
研磨度	中细度研磨
使用量（量杯）	一人份=1.2杯 二人份=2杯
萃取量	一人份=咖啡壶1刻度量 二人份=咖啡壶2刻度量
其他材料（一人份）	糖浆——2~3小匙 鲜奶油——适量 雾状巧克力（上色用）——适量
使用器具	适合以鲜奶油为顶盖的杯子
做法	1. 将萃取出的咖啡再加热。 2. 糖浆放入热过的杯子中，注入咖啡。 3. 搅拌后，将鲜奶油覆在咖啡表面，再喷上雾状巧克力装饰。
注意	・重点在于咖啡要热，鲜奶油要冷。 ・使用全乳脂肪40%左右的鲜奶油，打奶泡可用手或者是搅拌器。 ・奶泡标准是要能站立，要增添香味可以滴上2~3滴白兰地。

在此为各位介绍经典的花式咖啡配方。这些配方中的咖啡皆以滤纸滴漏法萃取，研磨度与萃取法请参考本书第5章的1～4节。

咖啡欧蕾

使用咖啡	深度烘焙（意式综合咖啡等）
研磨度	中细度研磨
使用量（量杯）	一人份=1.2杯 二人份=2杯
萃取量	一人份=咖啡壶1刻度量 二人份=咖啡壶2刻度量
其他材料（一人份）	牛奶——100~120ml
使用器具	咖啡欧蕾专用杯
做法	1. 在小锅子中将牛奶煮沸，注入热过的杯子中。 2. 将萃取出的咖啡再加热，注入装有牛奶的杯中，装到八分满。
注意	・咖啡与牛奶的分量视杯子大小而定。 ・加热牛奶时尽可能除去表面的膜。

热摩卡爪哇

使用咖啡	深度烘焙咖啡（意式综合咖啡等）
研磨度	中细度研磨
使用量（量杯）	一人份=1.2杯 二人份=2杯
萃取量	一人份=咖啡壶1刻度量 二人份=咖啡壶2刻度量
其他材料（一人份）	巧克力酱——一大匙　鲜奶油——适量 巧克力屑——适量
使用器具	适合以鲜奶油为顶盖的杯子
做法	1. 萃取出咖啡再加热。 2. 将巧克力酱注入温热的杯子中，倒入咖啡。 3. 搅拌后，将鲜奶油覆上咖啡，撒上巧克力屑。
注意	・重点是咖啡要热，鲜奶油要冷。鲜奶油要用全乳脂肪40%左右的。 ・打奶泡可用手也可用搅拌器，标准是奶泡能够站立。 ・巧克力酱可以使用市面上卖的现成产品，也可以自行熔化巧克力块来制作。

肉桂咖啡

使用咖啡	深度烘焙咖啡（意式综合咖啡等）
研磨度	中细度研磨
使用量（量杯）	一人份=1.2杯 二人份=2杯
萃取量	一人份=咖啡壶1刻度量 二人份=咖啡壶2刻度量
其他材料（一人份）	精致细砂糖——一大匙　鲜奶油——适量　肉桂粉——适量 柠檬皮或者柳橙皮——少许　肉桂棒——一根
使用器具	适合以鲜奶油为顶盖的杯子
做法	1. 萃取出咖啡再加热。 2. 将精致细砂糖放入温热的杯子中，倒入咖啡。 3. 搅拌后，将鲜奶油覆上咖啡，撒上巧克力屑。 4. 奶泡上放上柠檬皮或者柳橙皮，加上肉桂棒。
注意	・重点是咖啡要热，鲜奶油要冷。鲜奶油要用全乳脂肪40%左右的。 ・打奶泡可用手也可用搅拌器，标准是奶泡能够站立。